变化环境下流域水资源演变及其归因研究

丁相毅　贾仰文　刘家宏　仇亚琴　牛存稳　著

中国水利水电出版社

www.waterpub.com.cn

·北京·

内 容 提 要

本书在分析以全球变暖为特征的气候变化和区域高强度人类活动等因素对流域水资源演变的影响机理基础上，首次将基于指纹的归因方法应用到流域尺度水资源演变研究中，提出了变化环境下流域水资源演变的归因方法。全书分为 7 章，即概述、变化环境下流域水资源演变的归因方法、海河流域水文气象要素演变分析、海河流域水资源演变的影响因素分析、海河流域水循环要素演变的归因分析、变化环境下海河流域水资源演变趋势分析，以及总结与展望。

本书可供水文、水资源、气象、气候、生态环境等专业方面的科技工作者及有关高等院校相关专业本科生、研究生与教师阅读参考。

图书在版编目（ＣＩＰ）数据

变化环境下流域水资源演变及其归因研究 / 丁相毅
等著. -- 北京 ： 中国水利水电出版社，2017.11
　ISBN 978-7-5170-6123-6

　Ⅰ. ①变… Ⅱ. ①丁… Ⅲ. ①流域—水资源—研究
Ⅳ. ①TV211.1

中国版本图书馆CIP数据核字(2017)第305407号

书　　名	变化环境下流域水资源演变及其归因研究 BIANHUA HUANJING XIA LIUYU SHUIZIYUAN YANBIAN JI QI GUIYIN YANJIU
作　　者	丁相毅　贾仰文　刘家宏　仇亚琴　牛存稳　著
出版发行	中国水利水电出版社 （北京市海淀区玉渊潭南路 1 号 D 座　100038） 网址：www.waterpub.com.cn E-mail：sales@waterpub.com.cn 电话：（010）68367658（营销中心）
经　　售	北京科水图书销售中心（零售） 电话：（010）88383994、63202643、68545874 全国各地新华书店和相关出版物销售网点
排　　版	北京图语包装设计有限公司
印　　刷	北京虎彩文化传播有限公司
规　　格	170mm×240mm　16 开本　11.25 印张　214 千字
版　　次	2017 年 11 月第 1 版　2017 年 11 月第 1 次印刷
定　　价	**68.00 元**

序

　　水是生态系统的控制性要素，与气温、光照并列为三大非生物环境因子。流域水循环是水资源形成、演化的客观基础，也是水环境与生态系统演化的主导驱动因子。在现代环境下，受人类活动和气候变化的综合作用与影响，流域水循环朝着更加剧烈和复杂的方向演变，致使许多国家和地区面临着更加突出的水短缺、水污染和生态退化问题。因此，揭示变化环境下的流域水循环演变机理并发现其演变规律，是解决复杂水资源问题的科学基础，也是当前水文、水资源领域重大的前沿基础科学命题之一。

　　近年来以全球变暖为主要特征的气候变化对水循环系统的影响日益凸显，加剧了水循环系统的复杂性，致使对变化环境下的水循环系统进行模拟和预测的难度也在不断加大。尽管国内外学者针对二元水循环模拟开展了大量工作，为高强度人类活动地区的水循环模拟提供了强有力的工具，但由于在气候变化对水循环影响机理等方面认识的不足和相关技术的不成熟，现有模型和方法尚不能科学辨识水循环演变过程中气候变化、取用水和下垫面改变等人类活动因素以及自然因素的作用，给未来气候变化条件下的水资源预测和水资源综合管理增加了难度和不确定性。

　　2008 年美国加利福尼亚大学 Barnett 等人在《Science》上发表了题为"美国西部人类活动导致的水文变化（Human-induced changes in the hydrology of the Western United States）"的学术论文，指出"美国西部

1950—1999 年间径流量、冬季气温、积雪量等变化的 60%是受人类活动影响"。可见，气候变化对水循环过程的影响日益加剧，在某些流域其贡献已经超过了自然因素以及取用水和下垫面改变等人类活动因素。该研究是有关水循环演变的归因研究的首次探索，但只考虑了气候变化一个因素的影响，无法定量区分取用水、下垫面改变等其他人类活动因素对水循环演变的贡献。国内有关该问题的研究也没有一套系统的方法。

该书以国家重点基础研究发展计划（973）项目"海河流域水循环演变机理与水资源高效利用"第四课题"海河流域水循环及其伴生过程的综合模拟与预测"（2006CB403404）、国家自然科学基金"基于指纹的流域水循环演变的检测与归因研究"（51109223）等项目为依托，针对变化环境下水资源演变规律识别、定量区分气候变化和人类活动对流域水资源演变的影响两大国际难点问题，在分析以全球变暖为特征的气候变化和区域高强度人类活动等因素对流域水资源演变的影响机理基础上，首次将基于指纹的归因方法应用到流域尺度水资源演变研究中，提出了变化环境下流域水资源演变的归因方法。在明确流域水文气象要素时空演变趋势的基础上，将该归因方法应用到对气候变化非常敏感、人类活动强烈、水问题突出、具有重要战略地位的海河流域，定量区分了气候系统的自然变异、温室气体排放导致的气候变化和人类活动等因素对流域水资源演变的贡献。考虑到未来气候、人工取用水、下垫面等环境条件的变化，对流域未来水资源情势进行了预估。

该书理论基础扎实、逻辑结构清晰、内容丰富、深入浅出，可作为流域水循环演变研究的参考，特向各位从事变化环境下流域水循环演变研究的科研人员推荐。衷心希望通过该书的介绍和推广，能够增进水文水资源研究工作者对流域水循环演变规律的认知，提高我国应对变化环境的流域水资源综合管理能力。

流域水循环模拟与调控国家重点实验室主任

中国工程院院士（签字）

2017 年 10 月 10 日

前　言

　　流域水循环是水资源形成、演化的客观基础，也是水环境与生态系统演化的主导驱动因子。随着人口的不断增长和经济社会的高速发展，人类社会对流域水循环系统的影响不断增强：温室气体及气溶胶的排放改变了水循环的动力条件、下垫面的变化改变了水循环要素的参数特性、人工取用耗排水改变了水循环的结构，再加上土地利用的变化、大规模水利工程的建设以及工业与城市的飞速发展，流域水循环已经从原来的"自然"模式占主导逐渐转变为"自然-社会"（或"自然-人工"）二元耦合模式。在高强度人类活动的缺水地区，地表径流、地下径流和河川径流等自然水循环通量的日益减少，而取水量、用水量、耗水量及排污量等社会水循环通量的不断增大已影响了流域水循环系统原有的生态和环境服务功能，引发了一系列的资源、环境与生态问题。如何定量区分气候变化、取用水和下垫面改变等人类活动因素及自然因素在水循环演变中的贡献，为水资源综合管理和气候变化应对提供实践指导，已成为现代水文水资源学研究的关键科学问题之一。

　　变化环境下流域水资源演变的归因方法不仅可以丰富"自然-人工"二元水循环理论体系，定量描述和区分气候变化和人类活动对流域水资源演变的影响，具有重要的理论创新价值，而且通过将该归因方法应用于典型流域，结合变化环境下流域水资源预估结果，能够为流域水资源综合管理和经济社会可持续发展提供重要的战略支撑和决策支持，具有重要的实践应用意义。

近年来，国内外学者围绕水资源演变的归因分析开展了大量的研究，总结来看，国内尚无统一和成熟的方法，目前的分项调查法和水文模型法主要以统计、还原和修正等作为基本手段，已经不能满足现代二元驱动力作用下流域水资源演变中的人类活动效应研究；国际上虽有成熟的归因方法，但目前的相关研究主要集中于气候变化方面，水资源演变的归因研究则基本属于空白，只有 Barnett 等人在美国西部流域做了一些探索工作，但只是针对与温度变化有关的变量如积雪水当量、径流量达到全年径流总量一半的时间等，并没有涉及径流量、水资源量变化的归因工作；并且该研究只考虑气候变化一个因素的影响，而没有考虑下垫面变化、人工取用水等人类活动因素的影响，无法定量区分出人类活动和气候变化对水资源演变的贡献。

在国家重点基础研究发展计划（973）项目"海河流域水循环演变机理与水资源高效利用"第四课题"海河流域水循环及其伴生过程的综合模拟与预测"（2006CB403404）、国家自然科学基金"基于指纹的流域水循环演变的检测与归因研究"（51109223）的资助下，我们开展了流域水循环演变及其归因分析的研究探索，本书是对已取得的阶段研究成果的总结。需要说明的是，该书部分研究成果已通过科技论文的形式进行了一定程度的传播，为将变化环境下流域水资源演变及其归因研究成果进行全面、系统和集中展示，特将相关内容汇集成本书，实现研究成果的共享，也期望能够得到来自各方的指正与交流。

本书共分7章。第1章由丁相毅撰写；第2章由丁相毅、贾仰文撰写；第3章由丁相毅、牛存稳撰写；第4章由刘家宏、仇亚琴撰写；第5章由丁相毅撰写；第6章由丁相毅、仇亚琴、贾仰文撰写；第7章由贾仰文、丁相毅撰写。全书由丁相毅统稿。

本书在编写过程中得到了中国工程院王浩院士、中国水利水电科学研究院水资源研究所各位领导的大力支持。中国水利水电科学研究院水资源研究所城市水文与水务工程研究室杨志勇、邵薇薇、翁白莎、于赢东、晏点逸等专家，以及水资源所郝春沣博士、刘佳嘉博士、杜军凯博士、中国海洋大学彭辉博士等对书稿提出了宝贵的意见，中国水利水电出版社编辑为本书的校对和出版付出了辛苦劳动，在此一并感谢。

由于作者水平有限，书中难免存在不足之处，敬请广大读者不吝批评赐教。

作者

2017 年 10 月于北京

目　　录

第1章　概　述

在全球气候变暖和区域高强度人类活动对流域水循环影响日益加剧的背景下，本章论述了进行变化环境下流域水资源演变及其归因研究的重要意义，基于国内外有关气候变化对水资源的影响、人类活动对水资源的影响、水资源演变的归因等方面研究的动态分析，指出了目前研究存在的主要问题，介绍了本书的主要研究内容和研究思路。

1.1　研究背景和意义

1.1.1　研究背景

水是生态系统的控制性要素，与气温、光照并列为三大非生物环境因子。作为一种可再生性资源，水资源的数量是非常有限的，在很大程度上依赖于水循环系统。流域水循环是水资源形成、演化的客观基础，也是水环境与生态系统演化的主导驱动因子。然而，随着人口的不断增长和经济社会的高速发展，人类社会对流域水循环系统的影响不断增强：温室气体及气溶胶的排放改变了水循环的动力条件、下垫面的变化改变了水循环要素的参数特性、人工取用耗排水改变了水循环的结构，再加上土地利用的变化、大规模水利工程的建设以及工业与城市的飞速发展，流域水循环已经从原来的"自然"模式占主导逐渐转变为"自然-社会"（或"自然-人工"）二元耦合模式（王浩等，2004），特别是在平原和城市等高强度人类活动地区更为突出。在高强度人类活动的缺水地区，地表径流、地下径流和河川径流等自然水循环通量的日益减少，而取水量、用水量、耗水量及排污量等社会水循环通量的不断增大，已影响了流域水循环系统原有的生态和环境服务功能，引发了一系列的资源、环境与生态问题（贾仰文等，2010）。

观测资料表明，地球气候正经历一次以全球变暖为主要特征的显著变化，我国的气候变化趋势与全球的总趋势基本一致。近百年的全球气候变暖不只表现在气温升高，也表现在气温变率加大、极端天气气候事件趋多、趋强。《2016 年中国气候公报》显示，受超强厄尔尼诺影响，我国气候异常，极端天气气候事件多，暴雨洪涝和台风灾害重，气象灾害造成的经济损失大，气候年景差。2016 年，全国平均气温较常年偏高 0.81℃，为历史第三高；四季气温均偏高，其中，夏季气温为历史最高。全国平均年降水量 730.0mm，较常年偏多 16%，为历史最多，四季降水量分别偏多 53%、22%、6%、37%。2016 年，我国暴雨较多，南北洪涝并发，全国 26 个省（自治区、直辖市）出现不同程度的城市内涝。一系列极端气候灾害造成了巨大的经济损失，气候变暖也加剧了全球水循环的转化过程，驱动降水、蒸发、径流等水文要素的变化，改变流域或区域水量平衡，影响水资源的时空分布。

水资源系统在受到以全球变暖为特征的气候变化影响的同时，也受到了取用水和下垫面变化等人类活动因素的强烈干预。20 世纪 50 年代以来，全球工业发展迅速，人口急剧增长，人类对水资源的需求也在以惊人的速度增加。在 20 世纪的 100 年中，世界人口增加了 2 倍，而人类用水却增加了 5 倍。据全国水资源综合规划统计，1949 年，全国总供水量仅为 1000 亿 m^3 左右；2016 年，全国总供水量达 6040 亿 m^3，增加了 5 倍多。另外，由于全球人口增长和城市化建设，1970—1995 年年间，全球耕地面积增加了 0.26 亿 hm^2，草地面积增加了 2.2 亿 hm^2，森林面积减少了 4.6 亿 hm^2。据《中国可持续发展遥感监测报告（2016）》（顾行发等，2017），遥感监测 20 多年期间，我国耕地面积变化最显著，其动态变化面积高于所有其他土地类型；耕地面积先增后减，呈现明显的阶段性特征，2000 年面积最大。2010 年全国耕地 21.36 亿亩，依然多于 20 世纪 80 年代。在草地、林地、未利用土地、耕地、水域和城乡工矿居民用地等 6 类土地中，城乡工矿居民用地变化幅度最大，2010 年扩大为 20 世纪 80 年代末的 1.32 倍，其中城镇用地扩大了 1.76 倍，农村居民点扩大了 1.10 倍。

随着全球气候的持续变暖和经济社会的不断发展，人类的用水需求也会越来越大，水资源对气候条件和人类活动等环境变化的脆弱性加大，区域水资源量能否支撑当地经济社会的可持续发展、未来水资源如何演变等已经成为公众普遍关心的问题。因此，变化环境下的水资源演变及相关科学问题不仅是一个综合的环境问题，而且是一个复杂的经济问题和社会问题，已经成为了全球科学界和各国政府强烈关注的一个热点问题。影响水资源演变的因素有许多，除了气候系统中降水、温度等要素的自然变异外，还有温室气体排放导致的气候变暖、包括人工取用水及下垫面变化在内的区域高强度人类活动，以及其他一些未知和不确定因素。如何定量评估这些因素对水资源演变的影响、区分各个因素对水资源演变影响的轻重主次，换言之，如何在导致水资源变化的诸因素中区分自然和人类活动对水资源演变的影响、定量阐述导致水资源演变的自然和人为因素的作用，为水资源综合管理和气候变化应对提供实践指导，已成为现代水文水资源学研究的关键科学问题之一。

近年来以全球变暖为主要特征的气候变化对水循环系统的影响日益凸显，加剧了水循环系统的复杂性，致使对变化环境下的水循环系统进行模拟和预测的难度也在不断加大。尽管国内外学者针对二元水循环模拟开展了大量工作，其中最具代表性的是王浩等（2006）基于二元水循环理念研发的二元水循环系统模拟模型，为高强度人类活动地区的水循环模拟提供了强有力的工具，但由于在气候变化对水循环影响机理等方面认识的不足和相关技术的不成熟，现有模型和方法尚不能科学辨识水循环演变过程中气候变化、取用水和下垫面改变等人类活动因素以及自然因素的作用，给未来气候变化条件下的水资源预测和水资源综合管理增加了难度和不确定性。2008 年美国加利福尼亚大学 Barnett 等在《Science》上发表了题为"美国西部人类活动导致的水文变化（Human-induced changes in the hydrology of the Western United States）"的学术论文，指出"美国西部 1950—1999 年年间径流量、冬季气温、积雪量等变化的 60%是受人类活动影响"。可见，气候变化对水循环过程的影响日益加剧，在某些流域其贡献已经超过了自然因素以及取用水和下垫面改变等人类活动因素。该研究是有关水循环演变的归因研究的首次探索，但只考虑了气候变化一个因素的影响，无法定量区分取用水、下垫面改变等其他人类活动因素对水资源演变的贡献。国内有关该问题的研究也没有一套系统的方法。随着近年来气候学的不断发展，气候模式的模拟性能和精度也在不断提高，人们对气候变化的水文水资源效应的认识也在逐渐深入，开展辨识气候变化和人类活动等因素在水资源演变过程中贡献研究的时机已经成熟。

作为中国的政治、文化中心，近几十年来，海河流域的气候和环境条件发生了巨大变化，气候变暖、下垫面变化、人工取用耗排水等区域高强度人类活动对水循环造成了强烈影响。1980 年以来，海河流域地表来水减少了 41%，水资源总量减少了 25%；和 20 世纪 50 年代相比，湿地萎缩了 80%，年深层地下水开采量超过了 60 亿 m^3；而流域内水资源开发利用率已经达到了 123%。水资源短缺不仅影响了海河流域的经济社会发展，还导致了严重的生态环境问题，给流域可持续发展带来了巨大挑战。那么，造成海河流域水资源量衰减的原因是什么？是气候系统的自然变异，还是以全球变暖为特征的气候变化？或者是包括下垫面变化、人工取用水在内的区域高强度人类活动？如何定量区分不同因素在海河流域水资源演变中的贡献？同时，海河流域对环境变化非常敏感，在未来气候以及区域人类活动等环境变化条件下，流域水资源将如何演变也是一个迫切需要回答的问题。

1.1.2 研究意义

基于上述背景，在国家重点基础研究发展计划（973）项目"海河流域水循环演变机理与水资源高效利用"中设立了第四课题"海河流域水循环及其伴生过程的综合模拟与预测"（2006CB403404）。本书基于课题四的部分研究成果，从理论方法和实例应用两个方面对变化环境下流域水资源演变及其归因研究的相关内容进行了总结和提炼。

在理论方法方面，针对如何定量评估气候系统的自然变异、温室气体排放导致的气候变暖、人类活动及其他一些未知和不确定性因素对流域水资源演变的影响以及变化环境下流域水资源演变规律识别两大国际难点问题，在国内外相关研究工作的基础上，将目前广泛应用于气象和气候学中变量归因分析的"基于指纹的归因方法"应用到流域尺度水资源演变研究中，系统总结提出变化环境下流域水资源演变的归因方法，为定量区分气候系统的自然变异、温室气体排放导致的气候变暖以及包括下垫面变化和人工取用水在内的人类活动等因素对流域水资源演变的贡献提供一种新的思路；综合考虑未来气候、区域高强度人类活动以及相关调控措施等环境条件的变化，通过设定不同的情景，对流域未来水资源演变情势进行预估。

在实例应用方面，选取对气候变化非常敏感、人类活动强烈、水问题突出、具有重要战略地位的海河流域为典型流域，在明确海河流域水文气象要素时空演变特征的基础上，应用变化环境下流域水资源演变的归因方法对海河流域近40年（1961—2000年）的水资源变化进行归因分析，定量区分气候系统的自然变异、温室气体排放导致的气候变暖以及包括人工取用水和下垫面变化在内的区域高强度人类活动等因素对流域水资源演变的贡献。考虑到未来气候、人工取用水和下垫面等环境条件的变化，以及经济结构调整、跨流域调水、地下水开采回补控制等水资源调控措施，对海河流域不同情景下未来30年（2021—2050年）水资源的演变情势进行预估和分析，以期为流域水资源综合管理和经济社会可持续发展提供决策参考。

本研究提出的变化环境下流域水资源演变的归因方法，不仅可以拓展变化环境下流域水循环演变驱动因素识别的理论和研究方法，丰富"自然-人工"二元水循环的理论体系，为科学识别流域水循环演变的驱动因素和定量区分不同影响因素在流域水循环演变过程中的贡献提供一种新的思路，具有重要的学术意义，而且还可以通过该方法在研究区域的应用，结合相关研究成果，为未来气候变化条件下的水资源综合管理以及相关规划和措施的制定提供科学依据，具有重要的实践应用价值。

1.2 国内外研究动态

1.2.1 气候变化对水资源的影响

气候变化将改变全球水循环的现状，导致水资源时空分布的重新分配，并对水循环的各要素如降水、蒸发、径流等造成直接影响。气候变化对水文水资源影响的研究在20世纪80年代中期才引起国际水文界的高度重视，1985年，世界气象组织（World Meteorological Organization，WMO）出版了《气候变化对水文水资源影响的综述报告》，之后又出版了《水文水资源系统对气候变化的敏感性分析报告》。1988年，WMO和联合国环境规划署（United Nations Environment Programme，UNEP）共同组建成立了政府间气候变化专业委员会（Intergovernmental Panel on Climate Change，IPCC），专门从事气候变化的科学评估，并定期总结最新的科学成果，目前已公布了五次具有权威性的气候评估报告（FAR，1990；SAR，1996；TAR，2001；AR4，2007；AR5，2013）；国际水文科学协会（International Association of Hydrological Sciences，IAHS）召开的第19届、第20届国际大地测量学与地球物理学联合会（International Union of Geodesy and Geophysics，IUGG）（1987，1991）和第四届、第六届水文科学（IAMAP-IAHS）联合大会（1993，2001）等都设立了相关专题，另外，国际水文计划（International Hydrological Programme，IHP）、世界气候研究计划（World Climate Research Programme，WCRP）、国际地圈生物圈计划（International Geosphere-Biosphere Programme，IGBP）的"水文循环的生物圈方面（Biospheric Aspects of Hydrological Cycle，BAHC）"、地球系统科学联盟（Earth System Science Partnership，ESSP）以及国际全球环境变化人文因素计划（International Human Dimensions Programme on Global Environmental Change，IHDP）等均涉及气候变化对水资源影响的研究，这些国际项目和国际会议极大的推动了气候变化对水文水资源影响研究的发展。

我国自20世纪80年代起也迅速开展了气候变化对水资源影响的研究。从"七五"到"十五"国家科技攻关项目都设立了气候变化对水资源影响相关专题（水利部应对气候变化研究中心，2008）。由于西北和华北是我国主要缺水地区，在"七五"期间，设立了"中国气候与海平面变化及其趋势和影响研究"重大项目，首先就气候变化对西北、华北水资源的影响进行了研究。在"八五"国家攻关项目"全球变化预测、影响和对策研究"中，设立了"气候变化对水文水资源的影响及适应对策"专题。在"九五"科技攻关项目"我国短期气候预测系统"中，也设有专题"气候异常对我国水资源及水分循环影响的评估模型研究"，选择了淮河流域和青藏高原作为研究区域。刘春蓁（1997）以平衡的 GCM 模型输出作为大气中 CO_2 浓度倍增时的气候情景，采用月水量平衡模型，研究了我国部分流域年、月径流、蒸发的可能变化。王国庆等（2000）在分析了气温变化对黄河流域蒸发能力影响的基础上，采取假定气候方案，分析了黄河主要产流区径流对气候变化的敏感性，最后根据全球气候模型 GCMs 输出的降水、气温结果，估算了温室效应对主要产流区水资源的影响。高歌等（2000）利用华北地区近 50 年的气候、水资源等相关资料，分析了极端气候事件对水资源的影响，并在气候模式预测结果的基础上，简要分析了华北地区未来气候变化对水资源的可能影响。陈德亮等（2003）应用两参数分布式月水量平衡水文模型并结合两个全球模式提供的未来气候变化情景，就未来气候变化对长江中游地区径流的影响进行了分析探讨。曹丽菁等（2004）利用 NECP/NCAR 的 1948—2003 年分析格点资料，研究了华北地区大气水分气候的变化及其对水资源的影响。袁飞等（2005）应用大尺度陆面水文模型-可变下渗能力模型 VIC(Variable Infiltration Capacity)与区域气候变化影响研究模型 PRECIS(Providing Regional Climate for Impacts Studies)耦合，对气候变化情景下海河流域水资源的变化趋势进行了预测。此外，国内学者还对黄河源区、海河流域、黑河流域、石洋河流域、塔里木河流域、洮河流域等不同典型流域开展了气候变化对水资源的影响研究（蓝永超等，2006；王钧等，2008；李金标等，2008；徐长春等，2006；姚玉壁等，2008）。

总体来看，国内外气候变化对水资源影响研究主要集中在气候变化对流域水循环及其伴生过程的影响、气候变化对流域/区域可供水量的影响、气候变化对干旱/洪水发生频率和强度的影响、气候变化对农业需水量的影响、气候变化对水质的影响、气候变化下的水安全适应性对策研究以及气候变化影响的不确定性等方面，研究方法基本上遵从"未来气候情景设计-气候模式-水文模型-影响评估和适应性对策"的模式（张建云等，2007；王顺久，2006；江涛等，2000）。

1.2.2　人类活动对水资源的影响

区域人类活动是水资源演变的重要驱动力之一，人类活动对水文水资源的影响主要体现在以下几个方面：水库、塘坝等水利工程拦蓄对径流的影响，人工取用水对径流的影响，地下水开采对径流的影响，水土保持对径流的影响，以及城市化建设对径流的影响等。Szilagy（2001）发现美国 Republican 河 1977—1996年阶段的平均径流深较 1948—1968 年阶段减少了约 40%，这一减少不完全是水文气象条件变化的结果，而主要是由流域内修建水库、农业灌溉、植被改变以及水土保持等人类活动综合作用的结果。美国河流洪水频率委员会 1999 年指出"很少有关于人类活动对洪水量级及其频率影响事件的记录"。而美国 Mississippi 河1993 年、1995 年、2001 年洪水，Red 河 1997 年洪水以及 Tar 河 1999 年洪水过程及其重现期都受到人类活动的影响而变异显著。Pinter 等（2001）对 Mississippi河结合水位变化趋势进行洪水频率重新计算表明，S.t Louis 站 1993 年洪峰重现期小于 100 年一遇，远低于先前的一些计算结果。而国内如华南地区的一些河流几乎年年出现超 20 年一遇甚至 50 年一遇洪水，水文过程及其特征重现期明显出现了变异，原因之一就是下垫面发生了改变。

　　人类活动对水资源演变的影响具有双向性：人工取用水、改变下垫面等区域人类活动可以导致当地水资源量及其时空分布的变化，而当地水资源情况反过来又影响着人类对水资源的开发利用方式。

　　人工取用水是区域人类活动影响水资源的主要形式。人工取用水是指水资源从天然水循环系统中取出到最终回归天然水循环系统当中的一系列过程，包括供水-用水-耗水-排水等过程。人工取用水在循环路径和循环特性两个方面改变了天然状态下的流域水循环特征。人类对地表水和地下水的开采改变了天然水循环的流向，从天然主循环圈分离出一个侧支循环，地表水的开发减少了河流水量，地下水的开采改变了包气带和含水层的特性，影响了天然地表地下水量交换特性。用水和耗水改变了主循环圈的蒸发和入渗形式，最后通过排水过程将侧支循环回归到主循环圈中。"供-用-耗-排"人工侧支循环和天然主循环相互响应，相互反馈，二者之间存在紧密的水力联系，循环通量此消彼涨（仇亚琴，2006）。

　　国内在人工取用水对水资源的影响方面也进行了一些探索。任立良等（2001）利用长期水文观测数据，研究了中国北方地区人类活动对地表水资源的影响，认为河道外用水量的增加是导致中国北方地区实测径流减少的直接原因；干旱、半干旱地区人类活动对河川径流的影响程度强于湿润地区。王浩等（2005）通过设定不同的用水及下垫面情景，应用基于物理机制的分布式水文模型 WEP-L 进行水文模拟，基于不同情景下模拟结果对比，定量评价了人工取用水和下垫面变化对黄河流域水资源演变的影响。仇亚琴等（2006）应用分布式物理水文模型结合设定的降水、人工取用水及下垫面条件变化的 8 个情景，定量分析了三川河流域降水、人工取用水、下垫面条件变化以及三个驱动因子综合起来对各层次水资源演变的影响。

　　下垫面是地形、地面覆盖物、土壤、地质构造等多种天然和人工因素的综合体，是影响流域水循环过程的重要因子。自然因素对下垫面的影响是一个长期的、缓慢的过程，从小的时间尺度上看，人类活动对下垫面的影响更为剧烈。人类在利用自然并改造自然的活动中，逐渐改变了流域的下垫面条件，这些活动包括农业活动、水利工程建设、水土保持和城市化建设等。农业活动是人类较早开始的改造自然的活动，从零星的种植活动到大规模的耕地建设，到近几十年来随着人口的增长逐渐出现的陡坡开荒、毁林造田，砍伐森林和过度放牧等。大面积的农业活动改变了局地的微地貌和地势，改变了表层土壤结构，影响了水循环的产汇流过程。拦蓄、引水工程、供水与灌溉工程等水利工程建设改变了河流的天然形态，影响水的汇流过程。水库的调蓄作用改变了水资源的时空分布，导致了蒸发、入渗等水循环要素通量的增加，改变了水文的天然情势。20世纪中叶我国开展的小流域治理等水土保持建设在减少水土流失的同时，也改变了地表覆盖条件、地面坡度，改变了局地的植被条件和土壤水动力特性，影响了水循环的垂向和水平过程。城市化是具有重要水文影响的又一种下垫面变化。城市化的结果使地面变成了不透水表面，如路面、露天停车场及屋顶，而这些不透水表面阻止了雨水或融雪渗入地下，影响了入渗、蒸发及径流等水文过程。另外，由于不透水表面要比草场、牧场、森林和耕地平滑，使得城市区域的地表径流流速加大。随着径流量的增加、区域内各部分径流汇集到管道及渠道里，因而使区域内不同位置的汇流加快，改变了天然水循环的自然规律（仇亚琴，2006）。

　　国外目前人类活动的水文效应研究主要集中在土地利用和覆被变化（Land-Use and Land-Cover Change，LUCC）对水资源的影响方面。LUCC水文效应的研究，早期大都采用实验流域的方法，自1970年以来，一些国际组织先后开展了土地利用和覆被变化的水文水资源效应研究和水文响应研究，逐渐从实验流域观测统计分析转向水文模型方法，由只关注土地利用和覆被变化造成的结果转向揭示土地利用和覆被变化对水文和水资源影响的过程与机理。Onstad 和 Jamieson于1970年最先尝试运用水文模型预测土地利用变化对径流的影响。1995年，IGBP和IHDP共同推出了一个详细的LUCC研究计划，为世界各国的研究确定了方向。

　　我国也有不少土地利用和覆被变化对水资源演变影响方面的研究。刘昌明（1978）曾分析了黄土高原区不同下垫面条件对产流的影响。郝芳华（2004）采用基于 Arcview GIS 的 SWAT 模型研究黄河下游区不同下垫面条件对产流的影响。从 1988 年至 1996 年，有很多研究机构采用"水文法"和"水保法"，研究黄河中游多沙粗沙区开展水土保持对河川径流量的影响，利用流域内水文站的水文观测资料和降雨径流基本规律，研究水保措施对径流变化的影响；或者根据各支流水保措施的数量及其蓄水指标反映径流量的变化量（汪岗等，2002）。崔远来等（1996）依据北京城区及近郊大量实测雨洪资料，以不透水比为综合参数，建立了城市综合产流模型。目前，土地利用和覆被变化对水资源的演变影响的研究主要集中在水土保持、森林、城市化建设对径流及蒸发的影响上，而对整个水循环过程的研究则比较少。

1.2.3　水资源演变的归因研究

国内在水资源演变的归因研究方面尚没有统一和成熟的方法，不同学者采用不同的方法主要在分离气候变化和人类活动对水文要素的影响方面开展了一些探索性研究，这些方法可以分为两类：一类是分项调查法，首先假定人类活动和气候变化是影响径流变化的两个相互独立的因子，将人类活动对流域显著影响之前（大规模人类活动之前）的时期作为基准期，人类活动影响期间自然径流量的还原则是通过分项计算一些主要的人类活动的用水量，然后与实测河川径流量叠加得到；另一类是水文模型法，若在人类活动显著影响前，流域具有一定长度的实测水文气象资料，则利用这些资料率定的水文模型参数基本上可反映流域的自然产流状况，然后保持模型参数不变，将人类活动影响期间的气候要素输入水文模型，进而可计算延展相应时期的自然径流量，通过对比人类活动影响期间的实测径流量、还原的自然径流量和基准时期的实测自然径流量，进而可分离评判人类活动影响期间各因素对流域径流的影响。采用水文模拟途径研究气候变化和人类活动对水文水资源的影响，具有还原的人类活动影响期间的自然径流量与基准时期的实测自然径流量之间有成因上的一致性、不需要大量详细而具体的人类活动资料等优点，采用该方法的关键是水文模型的合理研制（陈晓宏等，2010）。

分离气候变化和人类活动对流域水文要素的影响的研究成果多见于我国长江流域以北地区及西北干旱区，而华南湿润区的类似研究成果则比较少见。石羊河流域的研究表明（李金标等，2008），其近几十年来的自然水循环系统平衡状态遭到破坏，人为因子在水资源变化过程中起主导负作用，其影响力占总影响力的58.48%，大大超过降水因子 22.35% 的正作用，气候因素远远低于人类活动的影响。新疆和田河流域尽管多年平均降雨量呈增长趋势，河川径流却呈现微弱的递减趋势,除去气候因素外,与农业灌溉规模和流域内工程引水量逐年加大成正相关(吴益,2006)。王国庆等(2006)用 SIMHYD 模型将气候变化和人类活动分别对径流的影响分开,分析了环境变化对黄河中游汾河径流情势的影响。贺瑞敏(2007)用澳大利亚水平衡模型(AWBM),将人类活动和降水变化对径流的影响分开,分析了环境变化对黄河中游伊洛河流域径流量的影响。陈利群等(2007)利用 2个分布式水文模型 SWATS 和 VIC 进行模拟,研究土地覆被变化与气候波动对径流的影响,把二者影响的贡献率区分开来,分析了黄河源区气候和土地覆被变化对径流的影响。许炯心等(2007)以 1956—1980 年作为人类活动较弱的"基准期",而以 1981—2000 年为人类活动较强的"措施期",用多元回归模型将人类活动和降水变化对径流的影响分开,研究了嘉陵江流域年径流量的变化及其原因。罗先香等(2002)利用 1976 年以前莱嘴子站的实测降水、降水强度、温度、蒸发量等气候因子资料,建立径向基函数人工神经网络模型,利用 1976 年以后的实测降水、降水强度、温度、蒸发量资料预测 1976 年以后的天然径流量,对天然径流估计值与实测值进行比较,对三江平原沼泽性河流径流演变的驱动力进行了分析。刘佳嘉(2013)提出了一种水循环演变多因素归因分析方法,能够将不同时期多因素综合影响变化量分解为各因素单独贡献量,且确保所有因素贡献量累加总和刚好等于多因素综合影响下的变化量,以渭河流域 1980 年前后水循环演化为例,分析了气象要素、水土保持措施、农业灌溉用水以及工业生活取用水四大因素的贡献。张树磊等(2015)针对近 50 年径流量显著减少的中国主要流域,包括松花江、辽河、海河、黄河和汉江等,采用基于 Budyko 假设的流域水热耦合平衡方程,估计了流域年径流量变化的气候弹性系数和下垫面弹性系数,分析了 1980—2000年与 1960—1979 年及 2001—2010 年与 1960—2000 年相比的年径流变化,分析了各流域径流变化的原因。

　　国外在变量变化的归因方面则有一套比较系统、成熟的方法,即基于指纹的归因方法(Hasselmann,1997)。该方法目前被广泛应用于气候变化领域。由于采用统计方法很难分辨出气候自然变异和人为强迫变化各自对径流变化的贡献,随着气候科学及气候模型的发展,在 IPCC 第四次评估报告中,开始采用气候模型分离自然气候变异与人为气候变化对观测的径流变化的贡献,并采用信号-噪音比值来评价观测及预测的径流变化趋势中人为气候变化及自然气候变异的贡献,给出人为气候变化影响大于气候自然变异影响的地区,以及自然气候变异影响可能仍起主要作用的地区(IPCC,2007)。目前气候变化的归因方法主要是基于Hasselmann 于 1997 年提出的指纹(fingerprint)方法,主要在全球尺度对近地表温度(Thorne 等，2003)、海洋热容量(Barnett 等，2001、2005)、地表气压(Gillet 等，2005)、降雨(Lambert 等，2004)等变量的变化进行归因分析，最近在极端事件方面也开展了归因研究（Hegerl 等，2006）。近年来，考虑先验信息的贝叶斯方法也被应用到检测与归因研究中。有关这两种方法的介绍，请参考文献(IDAG，2004)。在水资源变化的归因研究方面，目前只有 Barnett 等在美国西部流域做了一些探索工作（Barnett 等，2008）。

1.2.4 水循环要素变化的检测与归因

对已经观测到的水循环要素变化进行检测和归因，是当前国际上气候变化与水文水资源研究的重要内容。长期以来，对水循环要素变化的分析都是建立在序列长期变化稳定和气候稳态的假定前提下，即水文现象是稳定的随机变量、长序列水文均值为常数，由过去观测得到的统计规律可以外延用于对未来的预估。虽然在 20 世纪 70 年代后，随着人类活动加剧，大大改变了下垫面条件及流域特性与河道水文情势，在流量系列的分析中开始考虑流域尺度上人类活动的水文效应，但对水文分析而言，稳态的气候假定仍是一个重要的前提条件。然而，地球系统科学的研究表明，水循环是气候系统多圈层中的一个重要部分，它们相互作用。因此，实际中气候变化背景下的水文序列是非线性和非稳态的，它不仅包含了水文和气候系统自然变异的部分，而且包括了人为气候变化（温室气体排放导致的气候变暖）的影响以及流域下垫面变化的影响等部分。因此，在流量变化趋势的检测中分离出气候变化的影响，不仅对水资源规划与管理和水利工程设计具有重要的应用价值，而且有助于了解人为气候强迫以何种方式、已经或尚未对水文循环产生影响，对认识气候变化对水资源影响的贡献以及改进气候模型的模拟与预测具有重要的科学意义。目前，如何在流量的实测系列中检测和识别出人为气候变化的影响与贡献，是水文和气候学家面临的一个难题（夏军等，2011）。

在 IPCC 的 5 次评估报告中，前两次报告的水循环要素影响分析，主要集中在气候均值变化对水文水资源的影响和适应对策研究（IPCC，2001）。自第三次评估报告后，开始注意到径流自然变异问题，并在气候变化影响的归因研究中，强调了气候自然变异对径流影响的检测问题（Milly 等，2002、2005）。在第四次评估报告中，开始采用气候模式分离气候自然变异与人为气候变化引起的径流变化，并采用信号噪声比值来评价径流变化趋势中人为气候强迫变化及自然变异的贡献，识别出人为气候强迫影响显著性大于气候自然变异影响的地区，以及气候自然变异影响可能仍起主要作用的地区（IPCC，2007）。在 2013 年发布的第五次评估报告中,将人类活动导致过去 60 年全球变暖这个结论的可信度提高了,认为过去的 30 年很可能是过去 1400 年里最热的 30 年,并且人类的影响是明确的,人类影响是 20 世纪中叶以来观测变暖的主要原因。目前,一些水文气候学家采用陆地水文模型与气候模型耦合的方法,试图将水文观测数据趋势的检测、归因研究与对未来水文水资源的预估统一起来。虽然还存在很多难点与问题,但是这些方面的探索反映了水文-气候研究的发展态势。该方向的研究能够为决策者及水资源管理者提供更有效的气候变化风险管理信息。

1.2.5　存在的主要问题

在气候变化对水资源影响研究方面,由于在气候变化对水资源的影响评估研究中存在严重的尺度不匹配问题,而统计降尺度方法是解决该问题的关键技术。该方法的理论研究及其在水资源响应评估中的应用主要在欧美国家,在我国则起步较晚,且研究的广度和深度也不够(《气候变化国家评估报告》编写委员会, 2007)。虽然降尺度方法的理论研究已经较为成熟,相关的文章也很多,但是只有大约 1/3 考虑了气候变化的影响评估,涉及水文影响评估的仅占 1/6 (Fowler 和 Wilby, 2007; Fowler 等, 2007),而其中专门使用统计降尺度方法的则更少。所以,流域尺度上的统计降尺度方法的研究是一个薄弱环节,也是气象学家和水文学家共同关注的重点(褚健婷, 2009)。

在区域高强度人类活动对水资源演变的影响研究方面,由于涉及复杂的社会与水的关系,大多数研究仍处于定性描述分析阶段,定量分析下垫面变化、人工取用水等因素对水资源演变的影响尚处于起步阶段,各种因素对水资源演变的深层次驱动机理尚没有明晰。

在水资源演变的归因研究方面,国内尚无统一和成熟的方法,目前的分项调查法和水文模型法主要以统计、还原和修正等作为基本手段,已经不能满足现代二元驱动力作用下流域水循环演变中的人类活动效应研究;多因素归因分析方法虽然能定量描述多因素对水循环演变的影响和贡献,但主要依赖于分布式水文模型进行情景模拟,不同时期需要使用相同的初始状态,并且无法考虑气候自然变异等因素的影响。国际上虽然有成熟的归因方法,但目前的相关研究主要集中于气候变化方面,水资源演变的归因研究则基本属于空白。只有Barnett 等人在美国西部流域做了一些探索工作,但只是针对与温度变化有关的变量如积雪水当量、径流达到一半的时间等,并没有涉及径流量、水资源量变化的归因工作;且该研究只考虑气候变化一个因素的影响,没有考虑下垫面变化、人工取用水等人类活动因素的影响，无法定量区分出人类活动和气候变化对水资源演变的贡献。

在水循环要素变化的检测与归因方面，作为气候变化对区域和流域水资源影响研究的基础工作之一，该领域目前存在的主要问题包括：已有研究在采用的资料数量和质量方面仍显不足，例如降水、气温和蒸发变化研究只采用了气象部门700多个站的观测记录，气温和蒸发观测记录还没有对局地人为影响偏差进行订正，气象和水文部门的观测资料尚未进行有效的整合；若干重要要素如地下水、大气水汽输送和实际蒸发量变化趋势没有给予足够关注；对水循环要素大气分量变化的原因进行了大量分析，但对于降水和实际蒸发变化与全球气候变暖的联系还不甚清楚，对于径流变化在多大程度上是由于气候变化引起的，多大程度上是区域人类活动影响造成的，在认识上还存在很大分歧，目前更不清楚全球气候变暖对我国主要江河流量变化的确切影响。我国在自然气候变率与人为气候强迫（温室气体增加、气溶胶排放和土地利用变化）对地表和地下径流变化的影响方面鲜有研究报道。目前对水循环要素变化趋势的认识是不完整的，对于径流量变化原因的理解还是初步的，在人类活动强烈区域和流域，还不清楚气候变化和人类活动各自的影响究竟有多大，更不清楚径流对人为强迫的气候变化的响应到底是多少（夏军等，2011）。

1.3 研究内容和思路

1.3.1 研究内容

本书在前人相关研究工作的基础上，首次将目前广泛应用于气候变化归因分析领域的基于指纹的归因方法应用到流域尺度水资源演变研究中，系统总结、提出变化环境下流域水资源演变的归因方法，定量区分气候系统的自然变异、温室气体排放导致的气候变化和人类活动等因素对流域水资源演变的贡献；综合考虑未来气候及区域高强度人类活动等环境条件的变化，对流域未来水资源情势进行预估。具体研究内容包括以下几个方面：

（1）变化环境下流域水资源演变的归因方法。在全球气候变暖和区域高强度人类活动等环境变化条件下，将基于指纹的归因方法应用于流域尺度水资源演变的归因研究，综合运用气候模式、分布式水文模型和降尺度模型，系统总结、提出变化环境下流域水资源演变的归因方法。

（2）统计降尺度模型。将国际上应用较普遍且使用效果较好的统计降尺度模型 SDSM（Statistical Down-Scaling Model）应用到海河流域，经率定和验证后，对气候模式输出的降水和温度数据进行空间降尺度。

（3）天气发生器。采用中国气象局国家气候中心（Beijing Climate Center of China Meteorological Administrator）和瑞典哥德堡大学地球科学中心区域气候研究小组（Regional Climate Group at the University of Gothenburg）联合开发的适用于中国广大地区的中国天气发生器 BCCRCG-WG 3.00，对气候模式输出的月尺度降水和温度数据进行时间降尺度得到满足水文模型要求的日尺度数据。

（4）分布式水文模型。将能反映气候变化和区域高强度人类活动影响的分布式水文模型 WEP-L（Water and Energy transfer Process in Large river basins）应用到海河流域，经率定和验证后，用于模拟水循环各分量。

（5）海河流域水资源演变分析。基于实测长系列资料（1961—2000 年），从点和面两个尺度对海河流域年降水量、年平均温度以及年地表水资源量的时空演变进行分析，其中时间变化趋势采用线性回归、滑动平均、Mann-Kendall、小波分析等多种方法相结合的途径进行分析，空间变异型态采用经验正交函数法（EOF，Empirical Orthogonal Function）进行分析。

（6）变化环境下海河流域水资源演变的归因分析。应用变化环境下流域水资源演变的归因方法，通过设置不同的情景，分别对海河流域年降水量、年平均温度和年地表水资源量的演变进行归因分析，定量区分气候变化和区域人类活动等因素对上述变量演变的贡献。

（7）海河流域未来水资源演变趋势预估。考虑未来的气候、人工取用水以及下垫面等环境条件的变化，对海河流域未来的水资源情势进行预估。

1.3.2　研究思路

世界中到处存在着系统，特别是复杂系统。一般系统理论创始人贝塔朗菲说过，人们将被迫在知识的一切领域中运用整体或者系统的方式来处理复杂性问题，这将是科学思维的一个根本改造（吴彤，2005）。水资源演变问题不仅涉及天然水循环系统，还涉及人工侧支水循环系统、气候系统和社会经济系统，是一个涉及水文学、气象学、社会学、经济学和生态学等多学科交叉的系统科学问题。本书拟采用多维融贯的思维方式，对水资源演变问题进行系统研究，拟采取的技术路线如图 1.1 所示。

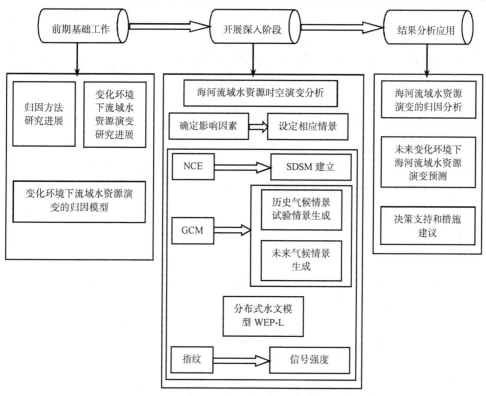

图 1.1　研究技术路线

首先，变化环境下流域水资源演变归因研究的准备工作。在熟悉相关研究进展的基础上，理解掌握目前广泛应用于气候变化归因分析领域的基于指纹的归因方法，将其应用到流域尺度水资源演变研究中，制定变化环境下流域水资源演变归因的研究框架，明确研究的流程和具体的模型方法，系统总结、提出变化环境下流域水资源演变的归因方法。

其次，变化环境下流域水资源演变归因研究的开展和深入。欲进行归因分析，需先明确流域水资源的演变情况，对水资源的时空演变进行分析；之后需要确定影响水资源演变的各种因素，进而设定相应的归因情景；最后，将变化环境下流域水资源演变的归因方法应用到研究流域，进行归因分析。

第三，考虑未来不同的影响因素，对未来变化环境下流域水资源情势进行预估和分析，为流域经济社会可持续发展和水资源可持续利用提供决策支持。

第2章　变化环境下流域水资源演变的归因方法

本章是该书的核心理论部分，主要介绍了变化环境下流域水资源演变的归因方法，具体包括气候模式、分布式水文模型、降尺度模型以及基于指纹的归因方法，降尺度模型包括空间降尺度和时间降尺度两个方面的模型，共分五节。其中，第 2.1 节介绍了全球气候模式，用以模拟不同强迫条件下的气候情况；第 2.2 节介绍了分布式水文模型，用以模拟变化环境下流域的水资源情况；第 2.3 节介绍了统计降尺度模型，用以解决气候模式与分布式水文模型之间的空间尺度不匹配问题；2.4 节介绍了天气发生器，用以解决气候模式与分布式水文模型之间的时间尺度不匹配问题；第 2.5 节介绍了基于指纹的归因方法，用以对变化环境下的流域水资源演变进行归因分析。

2.1　全球气候模式

目前气候模式是进行气候变化预估的最主要工具（国家气候中心，2008），而使用大气环流模式（General Circulation Model，GCM）是模拟气候变化情景唯一可信的方法（Benioff，1996）。气候模式是指对自然界的气候状况及其演变进行模拟，分为实验室模拟和数值模拟两种。实验室模拟是在实验室中一定的控制条件下进行模拟。由于气候系统非常复杂，不可能在实验室中完美地再现，因此实验室模拟有很大的局限性。数值模拟是根据牛顿运动定律、能量守恒定律和质量守恒定律等控制气候及其变化的基本物理定律，建立相应的数学模式，在一定的初始条件和边界条件下进行数值计算，进而确定包括大气、海洋、冰雪、植被等在内的气候系统中气候要素的分布和可能变化。随着计算机和数值计算方法的发展，数值模拟已经成为定量研究气候及其变化的主要方法，这种方法也可称为"物理-动力方法"（叶笃正等，1991）。

气候数值模拟的雏形是 20 世纪 50 年代开始应用的。20 世纪 60 年代以后，各种形式的数值模式不断出现，如直接积分流体力学和热力学方程组的大气环流模式，根据能量平衡原理模拟大气热状况的能量平衡模式，还有把大气运动当作随机过程处理的随机模式，随机和动力相结合的模式等。模式由简单到复杂，由气候的平衡态模拟发展到对气候演变的模拟。自 20 世纪 70 年代以来，气候数值模拟的研究取得了初步的试验结果。例如基于模式计算出的大气和海洋主要气候要素的分布及其季节变化，与实际情况相比，在许多方面是一致的；在人类活动对气候影响的估计、极冰的反馈作用等方面也得出了有意义的结果；此外，还发展了气候对各类模式和各种物理因子变化的敏感性试验和次网格物理过程的参数化研究。

通过建立气候数值模式，不仅可以模拟当代气候特征，也可以用来模拟研究气候系统各分量之间的相互作用、研究各种因子在不同时间尺度的气候变化中所起的作用、预测人类活动对气候的可能影响等，而且还可以用来预测气候的变化，特别是由于温室气体浓度增加所造成的气候变化。

根据模式建立的基础不同，气候模式大致可分为两类：热力学模式和流体动力学模式。其中热力学模式仅预报温度，不考虑或只是很简单地考虑运动场对温度的影响，如能量平衡模式（EBM）和辐射对流模式（RCM）都属于热力学模式范畴。流体动力学模式可以同时计算温度场和运动场，考虑了它们之间的相互作用，允许能量的三种主要形式——内能、位能和动能之间的相互转换（叶笃正等，1991）。

由于大气过程与海洋有着紧密的联系，同时它们也与陆面、冰雪圈、生物圈等相互作用耦合在一起，因此一个比较完善的气候模式（这里主要指流体动力学模式）不仅应该包括大气环流模式（简写为 AGCM 或 GCM），还应该包括海洋环流模式（OGCM）和陆面过程模式（LSPM）等部分。

2.1.1 大气环流模式

GCM 模式中主要的预报量有温度、水平风速和地面气压（表 2.1），相应的控制方程为能量守恒方程、水平动量方程和地面气压倾向方程，在适当的边界条件下，这 3 个方程和质量连续方程、状态方程以及静力近似方程联立，就构成了绝热无摩擦的自由大气闭合方程组，这就是 GCM 模式的动力学框架（叶笃正等，1991）。大气环流本质上是受热力驱动的，为了模拟加热作用，模式中还必须包括其他几个预报量以及相应的控制方程和边界条件。这其中最重要的就是水汽，它受水汽连续性方程控制，水汽的凝结产生云和降水，同时释放潜热；另外很大一部分加热来自大气对太阳短波辐射和地表长波辐射的吸收和传递过程，以及大气和其他下垫面之间的感热和潜热交换，所以，地表温度和土壤湿度也应该是模式的预报量，它们受地面的热量收支方程和水分收支方程控制；辐射传递方程则作为能量守恒方程的附加条件。此外，雪盖对地面反照率有很大影响，因此模式预报量中还应该包括地面积雪量，它受雪量收支方程控制。除了预报量外，GCM 中还包括许多诊断量（表2.1），即由预报量按照某些关系式导出的量，如云量、位势高度等。

GCM 的控制方程组是非线性偏微分方程组，无法求得解析解，只能利用计算机通过数值方法求解。为了求取数值解，通常先将大气沿垂直方向划分为若干层，将要计算的预报量和诊断量，安排在各层中间或者层与层之间的界面上。各变量在每一层上的水平变化可由一张覆盖着整个地球的格点上的值表示，基于这种思想建立的数值模式，称为"格点模式"或"有限差分模式"；变量也可以由有限个基函数的线性组合给出，基于这种思想建立的模式称为"谱模式"。模式变量的时间变化也需要离散化，给定预报量在某一时刻的值（称为"初值条件"），利用模式方程组按一定时间步长外推（称为"时间积分"）就能求得它们在任一指定时刻的数值。

在大气环流模式中，由于空间分辨率的限制，那些空间尺度小于网格分辨率，但又对气候有着重要影响的过程（表2.1），一般根据观测分析和理论研究得到的一些半经验半理论关系，对其进行参数化，即利用模式的大尺度变量去表示那些模式不能分辨的物理过程（叶笃正等，1991）。

表 2.1　大气环流模式的主要预报量、诊断量和需要参数化的次网格尺度过程

预报量	诊断量	次网格尺度过程
地面气压、温度、水平风速（谱模式以涡度和散度为预报量、水平风速则变为诊断量）、水汽、土壤温度、土壤湿度、雪量	垂直速度、位势高度、密度、云量、地面反照率（在有些模式中是事先给定的）	地球与大气间热量、水分和动量的湍流交换，大气内部干、湿（积云）对流所形成的热量、水分和动量的湍流输送，水汽凝结，太阳短波辐射和地球长波辐射输送，云的生成及其辐射的相互作用，雪的形成和消融，土壤中热量和水分的物理过程

2.1.1.1　模式方程组

经过几十年的研究发展，各 GCM 模式所用的控制方程组已经基本定型。虽然各模式在控制方程的写法、计算格式设计上有一些差异，模式模拟结果也有所不同，但一般都不会存在原则性的差异（李崇银，1995）。目前一般仍采用 Philips（1957）最先提出的 σ 坐标，因为这种坐标中，模式下边界地形面与 σ 面一致，有利于地形的处理。

一般情况下，σ 坐标定义为

$$\sigma = \frac{p}{p_s} \qquad (2.1)$$

式中：p 为大气压力；p_s 为地面气压。

在 σ 坐标中，控制方程组可以写为

$$\frac{\mathrm{d}u}{\mathrm{d}t} - (f + \frac{u\tan\varphi}{a})v = -\frac{1}{a\cos\varphi}(\frac{\partial\Phi}{\partial\lambda} + RT\frac{\partial\ln p_s}{\partial\lambda}) + F_u \qquad (2.2)$$

$$\frac{\mathrm{d}v}{\mathrm{d}t} + (f + \frac{v\tan\varphi}{a})u = -\frac{1}{a}(\frac{\partial\Phi}{\partial\varphi} + RT\frac{\partial\ln p_s}{\partial\varphi}) + F_v \qquad (2.3)$$

$$\frac{\mathrm{d}\ln\theta}{\mathrm{d}t} = \frac{Q}{c_p T} \qquad (2.4)$$

$$\frac{\partial\Phi}{\partial\sigma} = -\frac{RT}{\sigma} \qquad (2.5)$$

$$\frac{\partial p_s}{\partial t} + \frac{\partial p_s u}{a\cos\varphi\partial\lambda} + \frac{\partial p_s v}{a\partial\varphi} + \frac{\partial p_s\dot\sigma}{\partial\sigma} = 0 \qquad (2.6)$$

$$\frac{\mathrm{d}q}{\mathrm{d}t} = E - C + F_q = S \qquad (2.7)$$

其中

$$\theta = T(\frac{1000}{p})^{\frac{R_d}{c_p}}$$

式中：u 和 v 分别为纬向和经向风速；λ 和 φ 分别为经度和纬度；a 为地球半径；f 为科氏参数；R 为气体常数；T 为温度；Φ 为重力位势；θ 为位温；c_p 为空气定压比热；Q 为包括辐射、感热和潜热在内的非绝热加热；q 为空气比湿；E 和 C 分别为蒸发和凝结降水；S 为盐度；F_u、F_v 分别为动量；F_q 为水汽耗散。上述方程中算子为

$$\frac{\mathrm{d}}{\mathrm{d}t} = u\frac{\partial}{a\cos\varphi\partial\lambda} + v\frac{\partial}{a\partial\varphi} + \dot\sigma\frac{\partial}{\partial\sigma} \qquad (2.8)$$

而 $\dot\sigma = \frac{\mathrm{d}\sigma}{\mathrm{d}t}$ 是 σ 坐标系的垂直速度，它与 p 坐标系的垂直速度 ω（$=\frac{\mathrm{d}p}{\mathrm{d}t}$）有如下关系式：

$$\omega = p_s\dot\sigma + \sigma[\frac{\partial p_s}{\partial t} + \frac{1}{a\cos\varphi}(u\frac{\partial p_s}{\partial\lambda} + v\cos\varphi\frac{\partial p_s}{\partial\varphi})] \qquad (2.9)$$

利用上、下边界条件：当 $\sigma=0$ 和 $\sigma=1$ 时，$\dot\sigma=0$。

对式（2.6）进行积分，可得 σ 坐标系的地面气压倾向方程：

$$\frac{\partial p_s}{\partial t} = -\int_0^1(\frac{\partial p_s u}{a\cos\varphi\partial\lambda} + \frac{\partial p_s v}{a\partial\varphi})\mathrm{d}\sigma \qquad (2.10)$$

上述控制方程组是 GCM 的一般控制方程，不同的模式设计中采用了一些小的变化，但一般变化都不大。

2.1.1.2　垂直分层

为了描述大气斜压过程，GCM 至少需要两个模式层。随着计算机的发展，现在大部分模式已发展为 9 层模式、18 层模式甚至更多，层次越多，垂直分辨率越高，可以更好地描述大气中的物理过程。

大气与地球表面之间的感热和潜热交换对于大气环流的演变有着十分重要的影响，要很好地描述这些过程，必须对行星边界层的状况有很好地了解，因此，需要在行星边界层里有足够的模式层，至少 2~3 层（李崇银，1995）。

2.1.1.3　水平离散化

模式控制方程组在水平方向的离散化一般有两种不同的方法，即有限差分法和谱方法。有限差分法是在网格点上描写变量，用格点上变量的差分形式代替微分方程，最后构成计算程序，这种方法建成的模式称为格点模式。谱方法是将预报变量用球谐函数展开，根据球谐函数的正交性质，微分方程变成由球谐系数组成的可进行数值求解的预报方程，这种方法构造出的模式称为谱模式。目前大部分 GCM 都是谱模式（李崇银，1995）。

2.1.1.4　辐射强迫与反馈

气候系统的基本能量来自对太阳短波辐射的吸收，同时气候系统对长波辐射的吸收和放射，在能量平衡和交换中也起着重要作用。另一方面，包括温室气体反馈、冰雪反馈、云反馈等在内的一些反馈过程与辐射过程也有着密切的联系。因此，辐射过程是气候系统中十分重要的过程。

大气中的 CO_2 是一种重要的温室气体，其浓度增加导致的温室效应已经引起全球的广泛关注，世界各国的科学家对此都进行了大量的研究。CO_2 浓度增加，不仅可以直接导致温室效应，而且通过辐射过程还将出现温室气体反馈，其中主要是大气水汽的辐射反馈。这主要是因为 CO_2 浓度增加所引起的温度升高，将有利于蒸发过程，从而使大气中水汽含量增加。而水汽也是一种温室气体，同样可以导致温室效应。也就是说，CO_2 浓度的增加，导致了另外一种温室气体的增加，从而使增暖的幅度增加。

冰、雪的低反照率效应在气候系统中起着重要的作用。冰雪覆盖的减少，将削弱地表反射作用，使地表吸收更多的太阳短波辐射，地表温度上升，而这又将进一步减少冰雪覆盖。

云层在气候系统中起的是净冷却作用。但其在由温室气体增加导致的温室效应中，却不一定起到抵消作用。因为云辐射强迫是一种复杂的积分效果，依赖于云量、云的垂直分布、云的光学厚度等因素（李崇银，1995）。

2.1.1.5　次网格尺度过程

无论用格点模式还是谱模式，模式所描写的气候系统或大气环流中的过程都有相当大的空间尺度，这是由模式分辨率所决定的。然而大气或气候系统中还存在许多空间尺度比较小的过程，如积云对流、边界层过程、陆面过程等，它们在大气环流和气候变化中起着重要作用，但用大尺度网格又无法直接描述它们。对于这些过程一般采用参数化的方法来描述，即用大尺度的变量表示小尺度过程的总体影响（李崇银，1995）。

积云对流是大气运动的重要能量来源，尤其对于热带大气更加重要。因此如何处理这一小尺度过程和考虑它的作用，一直是 GCM 中的重要问题。已有的处理方法可归纳为三种格式：一是所谓的湿对流调整（MCA）；二是郭氏参数化方案；三是 Arakawa 和 Schubert 参数化方案。湿对流调整是处理积云对流产生及相应的潜热和感热输送过程的简单方法。郭氏参数化方案用简单的云模式来表示积云对流，而积云对流对大气的加热以云内温度与环境温度的差来表示。Arakawa 和 Schubert 参数化方案有两个重要特征：一是准平衡封闭假定，认为云体将足够迅速的对大尺度气流变化做出反应，以至云做功函数的改变非常小；二是认为卷出过程很重要。

气候系统吸收的大部分太阳辐射是被地表吸收的，然后通过大气边界层以不同的形式传输给大气，从而驱动大气环流。因此大气边界层对于大气环流和气候变化是十分重要的（李崇银，1995）。大气边界层在地球表面以上厚度为 1~2km，它是大气的重要动量汇和热量及水汽的源，这里的动量、热量和水汽的垂直通量最大。边界层过程同大尺度大气运动有重要的相互作用（方之芳等，2006）。

2.1.2　海气耦合模式

海洋热状态、海洋环流都对气候及气候变化有明显的影响。因此，对于气候变化，尤其是年际时间尺度以上的气候变化问题，必须用大洋环流模式同大气环流模式一起来研究和解决。近年来大洋环流模式和海气耦合模式的发展，正是来自于气候研究的推动。

2.1.2.1　大洋环流模式（OGCM）

海洋环流的数值模拟开始于 20 世纪 50 年代，随着计算理论和工具的发展，自 70 年代以来大洋环流模式才逐渐发展起来并得到了成功的应用。大洋环流模式主要分两类：第一类模式的主要特点是仿效数值天气预报中的整层无辐散模式，在海洋表面人为地加了一个"钢盖"，从而滤掉表面波动，海流分为正压无辐散分量和斜压分量两部分，比原始方程容易求解，也比较节省计算时间。但因为有整层无辐散假定，模式不能模拟海面的起伏。第二类模式把海洋表面作为自由面处理，海面高度是模式的一个预报量。

OGCM 的主要预报量为温度、水平流速和盐度，诊断量包括密度、压力和垂直速度。对于海洋中的热量、动量及盐度的垂直和水平湍流输送这样的次网格尺度过程，OGCM 中也采用参数化的技术来处理。求解 OGCM 的数值方法与 AGCM 的方法类似。不过由于海洋的几何边界极不规则，经典的谱方法不适合，一般用有限差分法求解。此外，海洋所包含的运动频率范围远比大气宽，因此常规的时间积分方法往往不适用，需要发展某些特殊的加速收敛技术（叶笃正等，1991；李崇银，1995）。

2.1.2.2　海气耦合模式

大气对海洋的作用主要为动力过程，即通过风应力影响海洋状态；海洋对大气的作用主要是热力过程，即通过热量输送影响大气运动（李崇银，1995）。这种海气的相互作用是十分密切的。海气耦合模式就是要通过一定的方法，把大气环流模式和海洋环流模式有机结合在一起，使上述两种过程在模式中都得到很好的描述。

海气耦合模式的耦合方法一般可分为同时（同步）耦合和非同时（非同步）耦合两类。在同步耦合中，大气对海洋的作用以及海洋对大气的作用是同时进行的，即大气模式提供的风应力、降水量与蒸发量的差值和海气界面的能量平衡，将成为每天（或几天）海洋环流演变的条件；而海洋模式提供的海面温度和海冰资料也将成为每天（或几天）大气环流演变的条件。在非同步耦合中，海洋模式所提供的海面温度和海冰等信息将在大气环流演变的一定时段（如半个月或 1 个月）内保持不变；大气环流模式所得到的风应力等信息在取某一段时间（如半个月或 1 个月）的平均值后提供给海洋，从而得到海洋的新的状态信息。也就是说，大气模式计算了若干时间段之后，才计算一次海洋模式。

海气耦合模式中存在一个严重的问题就是"气候漂移"，它是耦合模式模拟结果的一种系统性误差。在单独使用大气环流模式（或海洋环流模式）进行数值模拟时，一般都用气候平均的海洋状况（或大气状况）作为边界条件，所得到的模拟结果与基本气候（海候）形势比较一致。但是在海气耦合模式中，不再存在给定的海候（气候）状况，海洋和大气状态都在变化，而且是相互影响的，其模拟结果就出现同基本气候（海候）场的系统性误差，即"气候漂移"。为了消除"气候漂移"现象，一般采用通量或距平订正法，即对海气相互作用项引入一定的基本气候信息进行订正。但这一方法显然是不得已而为之的，是海气耦合问题尚未完全解决的表现和权宜之计（方之芳等，2006）。

2.1.3　陆面过程模式

陆面过程模式在气候模式中的重要作用在大气环流模式发展的初期就得到了广泛的重视。最初的陆面过程模式以 Manabe（1969）的"水箱模式"为代表。此后随着各种土壤温度参数化方法的建立，土壤中的水热输运问题得到了很大的发展。20 世纪 80 年代逐渐出现了耦合植被过程的陆面过程模式。进入 20 世纪 90 年代以后，更是陆面过程模式大发展的时期，全球建立了许多可应用于气候模式的陆面过程模式。一个包含完备陆面过程的气候模式，可以为研究全球变化提供丰富的手段，同时对陆面过程的正确描述，也是提高气候模式模拟能力的一个重要方面（方之芳等，2006）。

陆面过程与气候的相互作用，主要是指控制地表与大气之间热量、水分和动量交换的物理过程。通过这些过程，陆面过程可以对局地甚至全球气候产生重要的影响；同时陆面的一些特征也受到气候变化的严重影响。陆面过程模式主要为大气模式提供动量、感热、潜热通量等下边界条件，而大气模式则为陆面过程模式提供气压、温度、湿度、降水、大气辐射等，作为陆面过程模式的强迫场。

严格地说，一个陆面过程模式应该包括发生在陆面上的所有物理、化学、生物和水文过程。尽管陆面模式在最近 30 年的时间里取得了快速发展，在某个或某些方面的模拟效果较好，但目前仍没有一个模式能很好地模拟整个过程。大多数陆面模式还存在以下不足（吴迪，2011）：

（1）缺少对产汇流过程的模拟。陆面模式多侧重描述大气、土壤和植被垂向的水量、热量交换过程，简单假定网格内的土壤、植被等具有均匀的性质，未能有效考虑陆面不均匀性及地形对产汇流的影响，如下渗能力和蓄水容量等不均匀性对产流的影响等；没有考虑网格点内和网格点之间沿坡面和河网的汇流过程。

（2）没有考虑土壤水的侧向运动过程。大多数陆面模式只计算垂向一维能量和水量平衡，不考虑土壤水的侧向运动。实际情况下，由于地形的起伏和集水区的存在，对土壤水的侧向运动有着显著的影响，对大尺度网格上的水量平衡计算有着重要作用。

（3）缺少对地下水过程的描述，尤其是对三维地下水的数值模拟。

（4）缺少对人工取用水过程的描述。受人类活动的影响，人工侧支水循环明显改变了天然水循环过程，形成了"自然-人工"二元水循环系统，因此需要考虑人工取用水过程对水循环过程的影响。

2.1.4　区域气候模式

IPCC 第一工作组 1990 年第一次科学评估、1992 年补充报告和 1995 年的第二次科学评估，对世界上各国近 40 个 GCM 在全球和区域气候模拟方面的可靠性进行了评估。研究表明，GCM 对全球气候的模拟具有较好的可靠性，对区域气候的模拟虽然在一些地区某些季节模拟效果较好，但仍然存在较大的不确定性（赵宗慈等，1998）。以 IPCC 1995 年报告所选用的 9 个模式在 7 个地区的模拟结果为例，各模式对冬季气温的模拟值一般小于观测值，而对夏季气温的模拟则一般大于观测值，因而多数模式模拟的气温的年振幅偏大。对降水的模拟表明，9 个模式模拟的降水相对于观测的偏差百分数为-90% ~ 200%，冬季偏差大于夏季。可见，全球大气环流模式在区域气候模拟方面存在较大的不确定性，因此需要对区域气候的模拟问题进行着重研究。

20 世纪 90 年代以来，随着计算机技术的发展，区域气候模拟研究在国际上有了较大的发展（赵宗慈等，1998）。为了提高区域气候模拟的可靠性，主要在三方面进行了探索：一是在原有的全球环流模式的基础上，增加模式的水平分辨率，但这种方法的效果并不理想；二是在全球环流模式上采用变网格方案，即对所关心的区域增加其水平分辨率，而对远离研究区域的地区则降低水平分辨率，以期对研究区域提高模拟能力，这种方案的模拟效果同于全球模式的模拟效果；三是类似于中短期天气预报，在全球环流模式中嵌套区域气候模式，从而提高区域部分模拟的可靠性。

部分区域气候模式来自于全球大气环流模式，即把模式范围取到研究的区域再与相应的全球模式嵌套。大多数区域气候模式的框架来自于中尺度天气模式，而在其中加入全球环流模式的许多物理过程，使其便于作气候模拟（赵宗慈等，1998）。大部分区域气候模式都采用了数值天气预报模式的动力框架——美国宾夕法尼亚州立大学与美国国家大气研究中心（The Pennsylvania State University/ National Center for Atmospheric Research，PSU/NCAR）的中尺度数值天气预报模式 MM4/MM5 的动力框架，通过调整模式中原有的物理过程参数化方案，使之适合长期气候变化特征的描述。目前国际上比较著名的区域气候模式有美国 NCAR 的 MM5 系列、美国普林斯顿大学地球物理流体动力实验室（Geophysical Fluid Dynamics Laboratory，GFDL）开发的飓风预报业务系统、美国科罗拉多州立大学（Colorado State University，CSU）的 RAMS、澳大利亚联邦科学与工业研究组织

（Commonwealth Scientifc and Industiral Research Organisation，CSIRO）的 DARLAM、英国气象局（United Kindom Meteorological Office，UKMO）哈德莱中心的 HadRM、德国马普气象研究所（Max Planek Institute for Meteorology，MPI-M）的 REMO、德国马普与丹麦气象研究所的 HIRHAM 以及中国科学院大气物理研究所的 RIEMS 和中国气象局国家气候中心发展的 NCC-RCM。在众多区域气候模式中，应用最广的是美国 NCAR 的区域气候模式 RegCM 类。我国这方面的工作主要开始于 20 世纪 90 年代中后期，且大部分集中于个例分析。

通过大量的模拟研究表明，区域气候模式在世界各地基本都有着较好的模拟能力，在区域气候模拟方面，比全球环流模式有着明显的优越性，是研究区域气候变化的重要工具（方之芳等，2006）。

2.2 分布式水文模型

为了研究人工取用水变化和下垫面变化等区域人类活动对水资源的影响，在变化环境下流域水资源演变的归因方法中选用 WEP-L（Water and Energy transfer Processes in Large river basins）（贾仰文，2005）模型来模拟变化环境下的水资源情况。

WEP（Water and Energy transfer Process）模型的开发始于 1995 年，1999—2002 年，经过改进和完善，逐渐趋于成熟，在日本、韩国的多个流域得到了验证和应用（Jia 等，2001、2005），并于 2002 年 10 月获日本国著作权登录。2003 年，针对我国内陆河流域的特点，对 WEP 模型进行了改进，形成 IWHR-WEP 模型。2003 —2004 年，在网格单元型 WEP 模型的基础上，开发了耦合模拟天然水循环过程与人工侧支水循环过程的大尺度流域分布式水文模型 WEP-L，经过模型验证后，应用于黄河流域水资源评价和人类活动影响下的水资源演变规律研究（Jia 等，2006）。

WEP-L 模型在 IWHR-WEP 模型的基础上又做了如下改进：

（1）为了适应超大规模流域水文模拟的需要，改网格单元为子流域套等高带单元，既加快了计算速度，又避免了汇流失真。

（2）针对各水循环要素过程的特点，采用变时间步长进行模拟计算（强降雨时期入渗产流过程采用 1h、坡地与河道汇流过程采用 6h，其余的过程采用 1d），既保证了水循环动力学机制的合理表述，又提高了计算效率。

（3）将灌区引水口、水库落实到具体的计算河段，将灌溉用水落实到田间，用水类别分农业、工业、生活三大类，进一步划分为七小类，按地表水、地下供水分别计算，加强了人工用水系统与自然水循环系统的耦合模拟。

目前，WEP-L 模型已在海河流域、黄河流域、松辽流域、汉江流域等进行了广泛应用。

2.2.1　模型结构

WEP-L 模型各基本计算单元内的垂向结构如图 2.1（a）所示。从上到下依次为植被或建筑物截留层、地表洼地储留层、土壤表层、过渡带层、浅层地下水层和深层地下水层（承压层）等。状态变量包括植被截留量、洼地储留量、土壤含水率、地表温度、过渡带层储水量、地下水位及河道水位等。主要参数包括植被最大截留深、土壤渗透系数、土壤水分吸力特征曲线参数、地下水透水系数和产水系数、河床透水系数和坡面、河道糙率等。为了考虑计算单元内土地利用的不均匀性，采用了"马赛克"法，即把计算单元内的土地归成若干类，分别计算各类土地类型的地表面水热通量，再取其面积平均值作为计算单元的地表面水热通量。土地利用首先分为裸地-植被域、非灌溉农田、灌溉农田、水域和不透水域 5个大类。裸地-植被域又分为裸地、草地和林地 3 类，不透水域分为城市地面与城市建筑物 2 类。另外，为了反映表层土壤的含水率随深度的变化，便于描述土壤蒸发、草或作物根系吸水和树木根系吸水，将透水区域的表层土壤分成 3 层。

WEP-L 模型的平面结构为子流域套等高带，如图 2.1（b）所示，其中①～⑨为子流域编号，$Q_1 \sim Q_9$ 为各子流域的坡面汇流量。前述 WEP-L 模型下垫面划分及垂向结构主要用于产流计算，产流计算完成后按照平面结构进行汇流过程演算。子流域内各等高带之间进行坡面汇流演算，从最高等高带开始顺坡而下，最终汇入河道。各子流域之间进行河道汇流演算，从流域最上游开始依次向下直到流域出口。坡面汇流计算根据各等高带的高程、坡度与 Manning 糙率系数，采用一维运动波法将坡面径流由流域的最上游端追踪计算至最下游端。各条河道的汇流计算，根据有无下游边界条件采用一维运动波法或动力波法由上游端至下游端追踪计算。地下水流动分山丘区和平原区分别进行数值解析，并考虑其与地表水、土壤水及河道水的水量交换。

除了自然水循环过程之外，WEP-L 模型还进行人工水循环过程的模拟。每个计算单元内使用经验统计方法进行人工水循环模拟，需要通过外部输入各计算单元内相关社会用水量（包括农业灌溉用水量以及工业、生活用水量），进行"自然-社会"二元水循环过程模拟，以反映人类活动影响下的流域水循环过程。其中，社会用水量可以是历史数据，也可以是规划预测数据。输入的社会用水量都必须展布到各计算单元上，以反映社会用水的空间变化。

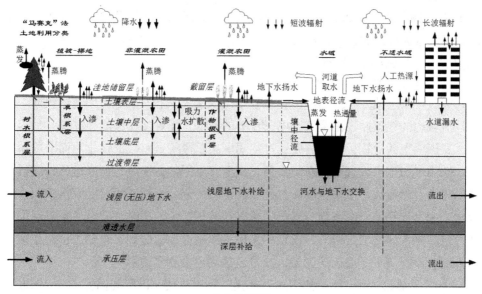

（a）垂向结构

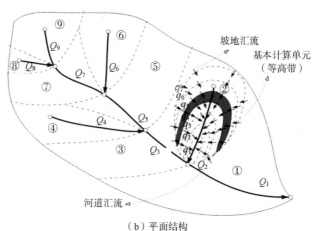

（b）平面结构

图 2.1　WEP-L 模型基本计算单元内的结构

2.2.2 自然水循环过程模拟

在流域内生成"子流域套等高带"的计算单元后，根据改进的 Pfafstetter 规则对每个计算单元建立包含拓扑关系的编码。根据此编码，在流域内从上游的子流域到下游子流域依次计算；而在子流域内按等高带由高至低顺序计算。自然水循环过程模拟主要包括蒸发蒸腾、入渗、地表径流、壤中流、地下水运动、地下水出流和地下水溢出、坡面和河道汇流以及积雪融雪过程。而降水等气象要素作为水文模型的主要驱动因素之一，将其展布到分布式水文模型的计算单元上，是进行自然水循环过程模拟的前提。

2.2.2.1 气象要素数据展布

1. 气象数据的空间展布

WEP-L 模型是日尺度模型，需要逐日气象要素数据作为输入。气象数据一般来自流域内的气象站、雨量站，属于点上的数据，而水文模型的计算单元是等高带，属于面上的数据，因此需要通过空间展布手段将点上数据转化为面上数据。

空间展布也可以理解为空间插值，在选择不同的方法时，精度是首先需要考虑的因素，然而计算效率也不能忽视。由于所研究的流域空间尺度一般较大，一般水文模型计算的时间序列又较长，所以在选用插值方法时，应该尽量避免采用计算量特别大的方法。WEP-L 模型中采用距离平方反比法和泰森多边形法相结合的方法，以距离平方反比法为主，少量地区采用泰森多边形法。

（1）泰森多边形法。泰森多边形法是一种广泛使用的空间插值方法，该方法一般需要绘制泰森多边形，以每个多边形所包含的雨量站点的降水量值作为该区域内各点的降水量值，其实质是平面上每个点取距离最近的站点的实测值。如果用计算机实现，可以先把研究区域划分为网格，计算每个站点与该网格中心的距离，取最近的雨量站点的观测值作为该网格的降水量。

（2）距离平方反比法（Reversed Distance Squared，RDS）。假设待估点的降水可以用它周围的一些雨量站插值得到，同时假设待估点的降水量和雨量站点的降水量大小成正比，与雨量站点的距离成反比。根据此假设，待估点的雨量估计值可以表示为

$$P = \sum_{i \in I_R} P_i \frac{\dfrac{1}{d_i^n}}{\sum_i \dfrac{1}{d_i^n}} \tag{2.11}$$

式中：P 为待估点的降水量；P_i 为雨量站的降水量；d_i 为雨量站到待估点的距离；I_R 为用来插值的雨量站点集合；n 为权重系数，一般取 2 时是距离平方反比法，取 0 时是算术平均法。

由泰森多边形法和距离平方反比法的计算公式可见，两类方法概念清楚，计算简便，计算速度快，且距离平方反比法能够考虑降水空间趋势性，两种方法结合，适合于大尺度流域空间插值计算。

泰森多边形法的参证站为最近的一个站点，然而距离平方反比法需要选择一定数量的站点作为参证站。目前选择站点的方法一般有两类：一是固定参证站点

个数 m，即选择离待估点最近的 m 个站点进行插值；二是固定距离 D，即选择离待估站点距离小于 D 的站点作为参证站。

由于本次收集到的海河流域降水气象站空间分布不均，如果采用第一类选择站点的方法，对于雨量站点分布密集的地方，选择的站点离待估点很近，插值效果很好；而对于雨量站点分布稀疏的地方，可能选择的参证站离待估点很远，两处在气象上关系并不密切，插值效果很难保证。如果采用第二类选择站点的方法，对于雨量站点分布密集的地方，可能有很多站点都会入选，而对于雨量站点分布稀疏的地方，可能得到的站点很少，甚至一个站点也没有。由于站点的分布不均匀性，采用固定个数或距离的方式选取参证站有时是不合理的，需要采取一种比较灵活的、有弹性的方法。

考虑到不管采用什么插值方法，研究者都希望参证站的降水量和待估点的降水量相关性比较好，二者的相关系数可以用来判断空间各点之间雨量相关性的好坏。因此，本研究引入相关系数作为选取参证站点的指标。但是对于站点比较稀疏或者影响降水气象的因素特别复杂的地方，可能某个站点和其他所有站点的相关系数都小于该阈值，这样就没有相关站点了。对于这种情况，采用任何方法效果都不会好，为便于计算，则采用最简单的泰森多边形法。这就是本次研究所采用的考虑相关系数的综合插值方法（ARDS，Amended RDS）。

采用 ARDS 进行降水、气象要素插值的具体计算步骤为：①两两计算所有站点之间的相关系数；②确定一个相关系数的阈值，针对每个站点，根据阈值判断与之相关的所有站点，并将最远一个相关站点与之相间的距离作为最大相关距离；③对每个子流域，计算该子流域的形心与每个降水气象站点之间的距离，如果小于某个站点的最大相关距离，该站点即为该子流域的参证站点；④如果某一子流域存在相关站点，采用距离平方反比法进行降水气象要素进行插值，如果不存在相关站点，采用泰森多边形法进行插值。

有关前述插值方法的详细介绍请参考（周祖昊等，2006）。

2. 降雨数据的时间降尺度展布

WEP-L 模型进行产流计算时除采用日尺度外，还采用小时尺度（主要在暴雨期）。一般提供的降雨资料都是逐日数据，需要降尺度到小时数据。当然，也可以直接使用小时数据进行计算，但受降水资料精度限制以及数据系列长度限制，某些年份根本无法获取小时数据，此时需要进行降尺度处理。

WEP-L 模型采用分区建立日雨量向下尺度化模型，将插值所得日降雨量进行向下尺度化。由于大强度降雨的日内分布对流域产流影响较大，所以仅考虑大于

10mm 的日降雨进行降尺度处理。实际上，在 WEP-L 中以 10mm 为界分为暴雨期和非暴雨期，且不同时期采用不同的入渗计算方式。暴雨期采用 Green-Ampt 模型模拟，而非暴雨期则根据水量平衡按饱和导水率计算，详细见 2.2.2.3 节的入渗过程模拟部分。

向下尺度化模型假设每个大强度降雨日内只有 1 次，具体计算公式为

$$i = \frac{S}{t^n} \qquad (2.12)$$

$$P = \frac{S}{T^{n-1}} \qquad (2.13)$$

$$S = aP + b \qquad (2.14)$$

式中：i 为历时 t 内最大降水平均雨强；s 为暴雨参数（或称之为雨力），等于单位时间内最大平均雨强；t 为时段；n 为暴雨衰减系数，与气候区域有关，可用实测资料率定获取；P 为日降雨量；T 为日降雨总历时；a、b 为参数。

使用日雨量向下尺度化时需要先对研究区域使用实测小时降雨量率定参数 a、b 和 n。日内分配首先根据式（2.14）由日降雨计算雨力参数 S，然后根据式（2.13）计算当日降雨总历时 T，最后由式（2.12）计算降雨历时内每个小时的降雨量。

2.2.2.2　蒸发蒸腾模拟

蒸发蒸腾是水循环过程中的一个重要环节，主要通过改变土壤的前期含水率来影响降水入渗，进而影响产流，是生态用水和农业节水等应用研究的对象，因此准确计算蒸发蒸腾具有重要的意义。WEP-L 模型采用了"马赛克"结构，考虑计算单元内的土地利用变异性，每个计算单元内的蒸发蒸腾可能包括植被截留蒸发、土壤蒸发、水面蒸发和植被蒸腾等多项，按照土壤-植被-大气通量交换方法（SVATS）、采用 Noilhan-Planton 模型、Penman 公式和 Penman-Monteith 公式等进行详细计算。蒸发蒸腾过程往往伴随着能量交换过程，计算蒸发蒸腾，必须计算地表附近的辐射、潜热、显热和热传导，而这些热通量又都是地表温度的函数。为减轻计算负担，热传导及地表温度的计算采用强制复原法，详见 2.2.3 节的能量循环过程模拟部分。

1．阻抗参数计算

（1）空气动力学阻抗。地表面附近大气中的水蒸气及热的输送遵循紊流扩散原理。近似中立大气的空气动力学阻抗（r_a）的计算公式（Jia，1997）为

$$r_a = \frac{\ln\left[(z-d)/z_{om}\right] \ln\left[(z-d)/z_{ox}\right]}{\kappa^2 U} \qquad (2.15)$$

式中：z 为风速、湿度或温度的观测点离地面的高度；κ 为 Karman 常数即 0.41；U 为风速；d 为置换高度；z_{om}、z_{ox} 分别为风速、比湿的粗糙度。

根据 Monteith 理论，若植被高度为 h_c，则 $z_{om} = 0.123\,h_c$，$z_{ox} = 0.1\,z_{om}$，$d = 0.67\,h_c$。

大气安定或不安定时，运动量、水蒸气及热输送还受浮力的影响，空气动力学阻抗需根据 Monin-Obukhov 相似理论计算。

（2）植被群落阻抗。植被群落阻抗是各个叶片的气孔阻抗的总和，Dickinson 等（1991）提出了计算公式，即

$$r_c = \left(\sum_{i=1}^{n} LAI_i / r_{si} \right)^{-1} \approx \frac{(r_s)}{LAI} \qquad (2.16)$$

$$(r_s) = r_{s\min} f_1(T) f_2(VPD) f_3(PAR) f_4(\theta) \qquad (2.17)$$

式中：LAI_i 为 n 层植被的第 i 层的叶面指数；r_{si} 为第 i 层的叶气孔阻抗；（r_s）为群落的气孔阻抗的平均值；$r_{s\min}$ 为最小气孔抵抗；f_1 为温度的影响函数；f_2 为大气水蒸气压的饱和差［饱和水蒸气压与大气的水蒸气压的差 VPD（Vapor Pressure Deficit）］的影响函数；f_3 为光合作用有效放射 PAR（Photosynthetically Active Radiation flux）的影响函数；f_4 为土壤含水率的影响函数。

若忽视 LAI 对叶气孔阻抗（r_s）的影响，则可得到以下公式（Dickinson，1991）：

$$r_c = \frac{r_{s\min}}{LAI} f_1 f_2 f_3 f_4 \qquad (2.18)$$

$$f_1^{-1} = 1 - 0.0016(25 - T_a)^2 \qquad (2.19)$$

$$f_2^{-1} = 1 - VPD/VPD_c \qquad (2.20)$$

$$f_3^{-1} = \frac{\dfrac{PAR}{PAR_c}\dfrac{2}{LAI} + \dfrac{r_{s\min}}{r_{s\max}}}{1 + \dfrac{PAR}{PAR_c}\dfrac{2}{LAI}} \qquad (2.21)$$

$$f_4^{-1} = \begin{cases} 1 & (\theta \geqslant \theta_c) \\ \dfrac{\theta - \theta_w}{\theta_c - \theta_w} & (\theta_w \leqslant \theta \leqslant \theta_c) \\ 0 & (\theta \leqslant \theta_w) \end{cases} \qquad (2.22)$$

式中：T_a 为气温，℃；VPD_c 为叶气孔闭合时的 VPD 值（约为 4kPa）；PAR_c 为 PAR 的临界值（森林为 30 W/m^2；谷物为 100 W/m^2）；$r_{s\max}$ 为最大气孔阻抗，为 5000 s/m；θ 为根系层的土壤含水率；θ_w 为植被凋萎时的土壤含水率（凋萎系数）；θ_c 为无蒸发限制时的土壤含水率（临界含水率）。

2. 蒸发蒸腾量计算

计算单元内的蒸发蒸腾包括来自植被湿润叶面（植被截留水）、水域、土壤、城市地表面、城市建筑物等的蒸发，以及来自植被干燥叶面的蒸腾。计算单元的

平均蒸发蒸腾量由下式通过面积加权平均算出：

$$E = F_w E_w + F_u E_u + F_{sv} E_{sv} + F_{ir} E_{ir} + F_{ni} E_{ni} \quad\quad (2.23)$$

式中：F_w、F_u、F_{sv}、F_{ir}、F_{ni} 分别为计算单元内水域、不透水域、裸地-植被域、灌溉农田及非灌溉农田的面积率；E_w、E_{sv}、E_u、E_{ir}、E_{ni} 分别为计算单元内水域、不透水域、裸地-植被域、灌溉农田及非灌溉农田的蒸发量或蒸发蒸腾量。

水域的蒸发量（E_w）由 Penman 公式（Penman，1948）算出，同时也用于计算区域蒸发能力：

$$E_w = \frac{(RN - G)\varDelta + \rho_a C_p \Delta e / r_a}{\lambda(\varDelta + \gamma)} \quad\quad (2.24)$$

式中：RN 为净放射量；G 为传入水中的热通量；$\varDelta$ 为饱和水蒸气压对温度的导数；Δe 为水蒸气压与饱和水蒸气压的差；r_a 为蒸发表面的空气动力学阻抗；ρ_a 为空气的密度；c_p 为空气的定压比热；λ 为水的气化潜热；$\gamma = \dfrac{c_p}{\lambda}$。

裸地-植被域的蒸发蒸腾量（E_{sv}）计算公式为

$$E_{su} = E_{i_1} + E_{i_2} + E_{tr_1} + E_{tr_2} + E_s \quad\quad (2.25)$$

式中：E_i 为植被截留蒸发（来自湿润叶面）；E_{tr} 为植被蒸腾（来自干燥叶面）；E_s 为裸地土壤蒸发；下标 1 为高植被（森林、城市树木）；下标 2 为低植被（草）。

植被截留蒸发（E_i）使用 Noilhan-Planton 模型（Noilhan 和 Planton，1989）计算：

$$E_i = Veg \cdot \delta \cdot E_p \quad\quad (2.26)$$

$$\frac{\partial W_r}{\partial t} = Veg \cdot P - E_i - R_r \qu\quad (2.27)$$

$$R_r = \begin{cases} 0 & W_r \leqslant W_{r\max} \\ W_r - W_{r\max} & W_r > W_{r\max} \end{cases} \quad\quad (2.28)$$

$$\delta = (W_r / W_{r\max})^{2/3} \quad\quad (2.29)$$

$$W_{r\max} = 0.2 \cdot Veg \cdot LAI \quad\quad (2.30)$$

式中：Veg 为裸地-植被域的植被面积率；δ 为湿润叶面的面积率；E_p 为可能蒸发量（由 Penman 方程式计算）；W_r 为植被截留水量；P 为降雨量；R_r 为植被流出水量；$W_{r\max}$ 为最大植被截留水量；LAI 为叶面积指数。

植被蒸腾由 Penman-Monteith 公式（Monteith，1973）计算：

$$E_{tr} = Veg \cdot (1 - \delta) \cdot E_{pm} \quad\quad (2.31)$$

$$E_{pm} = \frac{(RN - G)\varDelta + \rho_a C_p \delta e / r_a}{\lambda\left[\varDelta + \gamma(1 + r_c / r_a)\right]} \quad\quad (2.32)$$

式中：RN 为净放射量；G 为传入植被体内的热通量；r_c 为植被群落阻抗（canopy resistance）。

蒸腾属于土壤、植被、大气连续体（Soil-Plant-Atmosphere Continuum, SPAC）水循环过程的一部分，受光合作用、大气湿度、土壤水分等的制约。这些影响通过式（2.32）中的植被群落阻抗（r_c）来考虑。

植被蒸腾是通过根系吸水由土壤层供给。根系吸水模型参见雷志栋（1988）的《土壤水动力学》。假定根系吸水率随深度线性递减、根系层上半部的吸水量占根系总吸水量的 70%，则

$$S_r(z) = \left(\frac{1.8}{\ell_r} - \frac{1.6}{\ell_r^2} z \right) E_{tr} \qquad 0 \leqslant z \leqslant \ell_r \qquad (2.33)$$

$$E_{tr}(z) = \int_0^z S_r(z)\mathrm{d}z = \left[1.8\frac{z}{\ell_r} - 0.8(\frac{z}{\ell_r})^2 \right] E_{tr} \qquad 0 \leqslant z \leqslant \ell_r \qquad (2.34)$$

式中：E_{tr} 为蒸腾；ℓ_r 为根系层的厚度；z 为离地表面的深度；$S_r(z)$ 为深度 z 处的根系吸水强度；$E_{tr}(z)$ 为从地表面到深度 z 处的根系吸水量。

灌溉农田和非灌溉农田的作物蒸腾计算与裸地-植被域的计算类似。根据以上公式，只要给出植被根系层厚度，即可算出其从土壤层各层的吸水量（蒸腾量）。本研究认为草与农作物等低植被的根系分布于土壤层的一层、二层，而树木等高植被的根系分布于土壤层的所有三层。结合土壤各层的水分移动模型，即可算出各层的蒸腾量。

裸地土壤蒸发由修正 Penman 公式（Jia, 1997）计算，即

$$E_s = \frac{(RN - G)\Delta + \rho_a C_p \Delta e / r_a}{\lambda(\Delta + \gamma / \beta)} \qquad (2.35)$$

$$\beta = \begin{cases} 0 & \theta \leqslant \theta_m \\ \frac{1}{4}\left\{ 1 - \cos\left[\pi(\theta - \theta_m)/(\theta_{fc} - \theta_m) \right] \right\}^2 & \theta_m < \theta < \theta_{fc} \\ 1 & \theta \geqslant \theta_{fc} \end{cases} \qquad (2.36)$$

式中：β 为土壤湿润函数或蒸发效率；θ 为表层（一层）土壤的体积含水率；θ_{fc} 为表层土壤的田间持水率；θ_m 为单分子吸力（pF6.0～7.0）对应的土壤体积含水率（Nagaegawa, 1996）。

不透水域的蒸发和地表径流用计算公式为

$$E_u = cE_{u1} + (1 - c)E_{u2} \qquad (2.37)$$

$$\frac{\partial H_{u1}}{\partial t} = P - E_{u1} - R_{u1} \qquad (2.38)$$

$$E_{u1} = \begin{cases} E_{u1\max} & P + H_{u1} \geqslant E_{u1\max} \\ P + H_{u1} & P + H_{u1} < E_{u1\max} \end{cases} \tag{2.39}$$

$$R_{u1} = \begin{cases} 0 & H_{u1} \leqslant H_{u1\max} \\ H_{u1} - H_{u1\max} & H_{u1} > H_{u1\max} \end{cases} \tag{2.40}$$

$$\frac{\partial H_{u2}}{\partial t} = P - E_{u2} - R_{u2} \tag{2.41}$$

$$E_{u2} = \begin{cases} E_{u2\max} & P + H_{u2} \geqslant E_{u2\max} \\ P + H_{u2} & P + H_{u2} < E_{u2\max} \end{cases} \tag{2.42}$$

$$R_{u2} = \begin{cases} 0 & H_{u2} \leqslant H_{u2\max} \\ H_{u2} - H_{u2\max} & H_{u2} > H_{u2\max} \end{cases} \tag{2.43}$$

式中：P 为降雨；H_u 为洼地储留；E_u 为蒸发；R_u 为表面径流；$H_{u\max}$ 为最大洼地储留深；$E_{u\max}$ 为潜在蒸发（由 Penman 公式计算）；c 为城市建筑物在不透水域的面积率；下标 1 为城市建筑物；下标 2 为城市地表面。

总体而言，以上所计算的蒸发蒸腾量均为理论值，实际蒸发蒸腾量需要根据下垫面实际水量而定，如果水量充足则使用计算值，否则按实际水量计算。

2.2.2.3 入渗过程模拟

降雨时的地表入渗过程受雨强和非饱和土壤层水分运动所控制。非饱和土壤层水分运动的数值计算既费时又不稳定，许多研究也表明，除坡度很大的山坡以外，降雨过程中土壤水分运动以垂直入渗占主导作用，降雨之后沿坡向的土壤水分运动才逐渐变得重要。因此，为提高模型模拟速率，WEP-L 模型将入渗过程划分为两种情况进行模拟：暴雨期和非暴雨期。划分标准是日降雨量是否超过 10mm，其中暴雨期采用 Green-Ampt 入渗模型按小时进行模拟计算，只考虑土壤水的垂向运动，小时降雨量使用日降水通过降尺度获得；而非暴雨期，由于雨量相对较小，使用水量平衡原理进行日尺度模拟，考虑土壤水分垂向和水平向运动，土壤入渗能力按饱和导水系数计算。

Green-Ampt 模型假定在入渗过程中存在一个湿润锋将土壤层划分为上部饱和部分和下部非饱和部分，应用达西定律和水量平衡原理进行计算。入渗模型物理概念明确，所用参数可由土壤物理特性导出，已经得到大量应用验证。Mein-Larson（1973）将 Green-Ampt 入渗模型应用于均质土壤降雨时的入渗计算，Moor-Eigel（1981）将 Green-Ampt 入渗模型扩展到稳定降雨条件下的二层土壤的入渗计算。考虑到由自然作用和人类活动（如农业耕作）等引起的土壤分层问题，Jia 和 Tamai 于 1997 年提出了实际非稳定降雨条件下的多层土壤入渗 Green-Ampt 模型，以下称通用 Green-Ampt 模型。WEP-L 采用该模型进行计算，如图 2.2 所示。

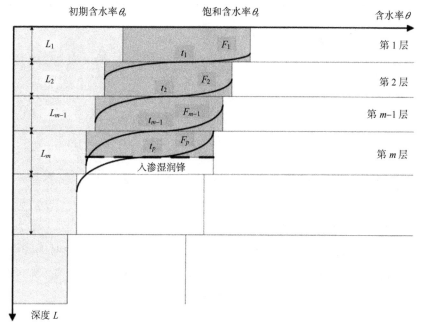

图 2.2　多层构造土壤的入渗示意图

当入渗湿润锋到达第 m 土壤层时入渗能力计算公式为

$$f = k_m \left(1 + \frac{A_{m-1}}{B_{m-1} + F} \right) \qquad (2.44)$$

式中：f 为入渗能力，mm/h；k_m 为 m 土壤层的导水系数，mm/h；A_{m-1} 为上面 $m-1$ 层土壤层总共可容水量，mm；B_{m-1} 为上面 $m-1$ 层土壤层因各层土壤含水率不同而引起的误差，mm；F 为累积入渗量，mm，其计算方法根据地表面有无积水而不同。

如果自入渗湿润锋进入第 $m-1$ 土壤层时起地表面就持续积水，那么累积入渗量由式（2.45）计算；如果前一时段 t_{n-1} 地表面无积水，而现时段 t_n 地表面开始积水，那么由式（2.46）计算。

$$F - F_{m-1} = k_m(t - t_{m-1}) + A_{m-1} \cdot \ln\left(\frac{A_{m-1} + B_{m-1} + F}{A_{m-1} + B_{m-1} + F_{m-1}} \right) \qquad (2.45)$$

$$F - F_p = k_m(t - t_p) + A_{m-1} \cdot \ln\left(\frac{A_{m-1} + B_{m-1} + F}{A_{m-1} + B_{m-1} + F_p} \right) \qquad (2.46)$$

$$A_{m-1} = (\sum_1^{m-1} L_i - \sum_1^{m-1} L_i k_m / k_i + SW_m)\Delta\theta_m \qquad (2.47)$$

$$B_{m-1} = (\sum_1^{m-1} L_i k_m / k_i)\Delta\theta_m - \sum_1^{m-1} L_i \Delta\theta_i \qquad (2.48)$$

$$F_{m-1} = \sum_1^{m-1} L_i \Delta\theta_i \qquad (2.49)$$

其中
$$\Delta\theta = \theta_s - \theta_0$$
$$F_p = A_{m-1}(I_p / k_m - 1) - B_{m-1} \qquad (2.50)$$
$$t_p = t_{n-1} + (F_p - F_{n-1})/I_p \qquad (2.51)$$

式中：F_{m-1} 为第 $m-1$ 层累积入渗量，mm；F_p 为地面开始积水时的累积入渗量，mm；m 为目标入渗土壤层；k_i 为第 i 层土壤层导水系数，mm/d；SW 为入渗湿润锋处的毛管吸引压所引起的入渗量，mm；θ_s 为土壤层的含水率；θ_0 为土壤层的初期含水率；t 为时刻；t_p 为积水开始时刻，s；I_p 为积水开始时的降雨强度，mm；t_{m-1} 为入渗湿润锋到达第 m 层与第 $m-1$ 层交界面的时刻，s；L 为入渗湿润锋离地表面的深度，mm；L_i 为第 i 层的土壤厚度，mm。

2.2.2.4　地表径流

影响流域径流产生的主要因素包括降雨、地表覆盖、地形特征、土壤类型以及人类活动等。根据土壤径流来源的不同，可以将流域径流划分成地表径流、壤中流以及地下径流三种类型。其中，地表径流为经地表直接进入河道的部分，壤中流是地下水位以上包气带中重力自由水横向移动产生的部分，地下径流则是地下水补给产生的部分。地表径流和壤中流随降雨量呈波动变化，而地下径流相对比较稳定。

从径流产生的方式来看，又可分为超渗产流（霍顿坡面径流）、蓄满产流（饱和坡面径流）、回归流以及基流。超渗产流是指当降雨强度超过了土壤入渗能力时无法下渗的部分，多发生在渗透能力较低的土壤上（如干旱半干旱区域、城镇不透水域等）。蓄满产流是指在降雨将土壤水蓄满后导致后续降水无法入渗而形成的径流，多发生在植被覆盖较好的湿润地区。回归流则是溢出地面且从地表汇入河道的壤中流。基流则是经土壤直接进入河道的地下径流。详细如图 2.3 所示（刘佳嘉，2013）。区分超渗产流和蓄满产流的关键在于判别降雨强度同土壤入渗能力之间的大小，前者产生过程中土壤水由上而下逐渐饱和，而后者由下而上逐渐饱和。蓄满产流和回归流的区别在于，蓄满产流是因土壤水饱和而无法下渗的降水，而回归流则是因土壤饱和而溢出的土壤水。

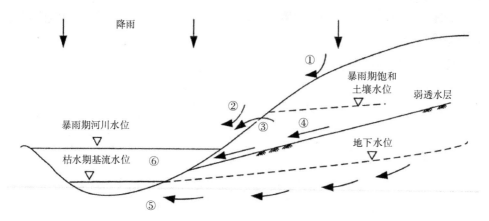

①—超渗产流；②—蓄满产流；③—回归流；④—壤中流；⑤—基流；⑥—河川径流

图 2.3　山坡径流示意图

由于山坡地形及土壤特性的差异性，同一个山坡上不会只有一种产流方式。一般而言，山坡上部以超渗产流为主，山坡底部则以蓄满产流、回归流为主。且不同产流机理之间可以相互转化，例如在超渗产流区域，当土壤水饱和后则自动转换成蓄满产流。因此，对流域产流模拟过程中需要综合考虑各种产流机制（即混合产流）。

在 WEP-L 模型中，水域的地表径流等于降雨量减去蒸发量，不透水域的地表径流按上述式（2.37）~式（2.43）计算，裸地-植被域（透水域）的地表径流则根据降雨强度是否超过土壤的入渗能力分以下两种情况计算。

1. 霍顿坡面径流（Hortonian overland flow）

当降雨强度超过土壤的入渗能力时将产生这类地表径流 $R_{1_{ie}}$，即超渗产流，其计算公式为

$$\partial H_{sv}/\partial t = P - E_{sv} - f_{sv} - R_{1_{ie}} \quad (2.52)$$

$$R_{1_{ie}} = \begin{cases} 0 & H_{sv} \leqslant H_{sv\,\mathrm{max}} \\ H_{sv} - H_{sv\,\mathrm{max}} & H_{sv} > H_{sv\,\mathrm{max}} \end{cases} \quad (2.53)$$

式中：P 为降水量，mm；H_{sv} 为裸地-植被域的洼地储留，mm；$H_{sv\,\mathrm{max}}$ 为最大洼地储留深，mm；E_{sv} 为蒸散发，mm；f_{sv} 为由通用 Green-Ampt 模型算出的累积入渗量，mm。

2. 饱和坡面径流（Saturation overland flow）

对于河道两岸及低洼的地方，由于地形的作用，土壤水及浅层地下水逐渐汇集到这些地方，土壤饱和或接近饱和状态后遇到降雨便形成饱和坡面径流，即蓄满产流。此时，Green-Ampt 模型已不再适用，需根据非饱和土壤水运动方程来求

解。为减轻计算负担，将表层土壤分成若干层，利用非饱和状态的达西定律和连续方程进行计算。

地表洼地储留层：

$$\partial H_s / \partial t = P(1 - Veg_1 - Veg_2) + Veg_1 \cdot Rr_1 + Veg_2 \cdot Rr_2 - E_0 - Q_0 - R_{1_{se}} \qquad （2.54）$$

$$R_{1_{se}} = \begin{cases} 0 & H_s \leqslant H_{s\max} \\ H_s - H_{s\max} & H_s > H_{s\max} \end{cases} \qquad （2.55）$$

土壤表层：

$$\frac{\partial \theta_1}{\partial t} = \frac{1}{d_1}(Q_0 + QD_{12} - Q_1 - R_{21} - E_s - E_{tr_{11}} - E_{tr_{21}}) \qquad (2.56)$$

土壤中层：

$$\frac{\partial \theta_2}{\partial t} = \frac{1}{d_2}(Q_1 + QD_{23} - QD_{12} - Q_2 - R_{22} - E_{tr_{12}} - E_{tr_{22}}) \qquad （2.57）$$

土壤底层：

$$\frac{\partial \theta_3}{\partial t} = \frac{1}{d_3}(Q_2 - QD_{23} - Q_3 - E_{tr_{13}}) \qquad （2.58）$$

中间参数：

$$Q_j = k_j(\theta_j) \qquad (j=1,\ 3) \qquad （2.59）$$

$$Q_0 = \min\left\{k_1(\theta_s), Q_{0\max}\right\} \qquad （2.60）$$

$$Q_{0\max} = W_{1\max} - W_{10} - Q_1 \qquad （2.61）$$

$$QD_{j,j+1} = \bar{k}_{j,j+1} \cdot \frac{\psi_j(\theta_j) - \psi_{j+1}(\theta_{j+1})}{(d_j + d_{j+1})/2} \qquad (j=1,\ 2) \qquad （2.62）$$

$$\bar{k}_{j,j+1} = \frac{d_j \cdot k_j(\theta_j) + d_{j+1} \cdot k_{j+1}(\theta_{j+1})}{d_j + d_{j+1}} \qquad (j=1,\ 2) \qquad （2.63）$$

式中：H_s 为洼地储留，mm；$H_{s\max}$ 为最大洼地储留，mm；Veg_1、Veg_2 为裸地-植被域的高植被和低植被的面积率；Rr_1、Rr_2 为从高植被和低植被的叶面流向地表面的水量，mm；Q 为重力排水，mm；$QD_{j,j+1}$ 为吸引压引起的 j 层与 $j+1$ 层土壤间的水分扩散，mm；E_0 为洼地储留蒸发，mm；E_s 为表层土壤蒸发，mm；E_{tr} 为植被蒸散（第一下标中的 1 表示高植被、2 表示低植被；第一下标表示土壤层号）；R_2 为壤中流，mm；$k(\theta)$ 为体积含水率 θ 对应的土壤导水系数，mm/d；$\Psi(\theta)$ 为体积含水率 θ 对应的土壤吸引压，kPa；d 为土壤层厚度；W 为土壤的蓄水量，mm；W_{10} 为表层土壤的初期蓄水量，mm。另外，下标 0、1、2、3 分别为洼地储留层、表层土壤层、第 2 土壤层和第 3 土壤层。

3. 壤中流

在山地丘陵等地形起伏地区，同时考虑坡向壤中流及土壤渗透系数的各向变异性。壤中流包括从山坡斜面饱和土壤层中流入溪流的壤中流，以及从山间河谷平原不饱和土壤层流入河道的壤中流两部分。第一部分的计算类似地下水出流计算，而从山间河谷平原不饱和土壤层流入河道的壤中流计算公式为

$$R_2 = k(\theta)\sin(slope)Ld \qquad (2.64)$$

式中：$k(\theta)$ 为体积含水率 θ 对应的沿山坡方向的土壤导水系数，mm/d；$slope$ 为地表面坡度；L 为计算单元内的河道长度，m；d 为不饱和土壤层的厚度，m。

4. 地下水运动、地下水出流和地下水溢出

地下水运动按多层模型考虑。将非饱和土壤层的补给、地下水取水及地下水流出（或来自河流的补给）作为源项，按照 Bousinessq 方程进行浅层地下水二维数值计算。在河流下部及周围，河流水和地下水的相互补给量根据其水位差与河床材料的特性等按达西定律计算。另外，为了考虑包气带层过厚可能造成的地下水补给滞后问题，在表层土壤与浅层地下水之间设一过渡层，用储流函数法处理。

浅层（无压层）地下水运动方程：

$$C_u \frac{\partial h_u}{\partial t} = \frac{\partial}{\partial x}[k(h_u - z_u)\frac{\partial h_u}{\partial x}] + \frac{\partial}{\partial y}[k(h_u - z_u)\frac{\partial h_u}{\partial y}) + (Q_3 + WUL - RG - E - Per - GWP)$$

$$(2.65)$$

承压层地下水运动方程：

$$C_1 \frac{\partial h_1}{\partial t} = \frac{\partial}{\partial x}(k_1 D_1 \frac{\partial h_1}{\partial x}) + \frac{\partial}{\partial y}(k_1 D_1 \frac{\partial h_1}{\partial y}) + (Per - RG_1 - Per_1 - GWP_1) \qquad (2.66)$$

式中：h 为地下水位（无压层）或水头（承压层），m；C 为储留系数；k 为导水系数，m/d；z 为含水层底部标高，m；D 为含水层厚度，m；Q_3 为来自不饱和土壤层的渗透量，m；WUL 为管道渗漏，m；RG 为地下水出流；E 为蒸发蒸腾，m；Per 为深层渗漏，m；GWP 为地下水开采量，m；下标 u 和 1 分别表示潜水层和承压层。

地下水出流的计算根据地下水位（h_u）和河川水位（H_r）的高低关系，地下水流出或河水渗漏计算公式为

$$RG = \begin{cases} k_b A_b(h_u - H_r)/d_b & h_u \geqslant H_r \\ -k_b A_b & h_u < H_r \end{cases} \qquad (2.67)$$

式中：k_b 为河床土壤的导水系数，mm/d；A_b 为计算单元内河床处的浸润面积，m^2；d_b 为河床土壤的厚度，m。

在低洼地，地下水上升后有可能直接溢出地表。出现这种情况时，则令地下

水位等于地表标高，多余地下水蓄变量计为地下水溢出。

5. 坡面汇流和河道汇流

对于坡面汇流的计算，由于超渗产流的存在，加上沟壑溪流的汇流也可以用等价坡面汇流近似，WEP-L 模型采用基于数字高程模型（DEM）的运动波模型来计算。利用 DEM 和 GIS 工具，按最大坡度方向定出各计算单元的坡面汇流方向，并定出其在河道上的入流位置。

对于河道汇流的计算，根据 DEM 并利用 GIS 工具，生成数字河道网，根据流域地图对主要河流进行修正。搜集河道纵横断面及河道控制工程数据，根据具体情况按运动波模型或动力波模型进行一维数值计算。

运动波方程：

$$\frac{\partial A}{\partial t}+\frac{\partial Q}{\partial x}=q_L \quad （连续方程） \tag{2.68}$$

$$S_f = S_0 \qquad （运动方程） \tag{2.69}$$

$$Q=\frac{A}{n}R^{2/3}S_0^{1/2} \quad （Manning 公式） \tag{2.70}$$

式中：A 为流水断面面积，m^2；Q 为断面流量，m^3/s；q_L 为计算单元或河道的单宽流入量（包含计算单元内的有效降雨量、来自周边计算单元及支流的水量），$m^3/（s·m）$；n 为 Manning 糙率系数；R 为水力半径，m；S_0 为计算单元地表面坡降或河道的纵向坡降；S_f 为摩擦坡降。

动力波方程（Saint Venant 方程）：

$$\frac{\partial A}{\partial t}+\frac{\partial Q}{\partial x}=q_L \qquad （连续方程） \tag{2.71}$$

$$\frac{\partial Q}{\partial t}+\frac{\partial(Q^2/A)}{\partial x}+gA(\frac{\partial h}{\partial x}-S_0+S_f)=q_L V_x \quad （运动方程） \tag{2.72}$$

$$Q=\frac{A}{n}R^{2/3}S_f^{1/2} \quad （Manning 公式） \tag{2.73}$$

式中：V 为断面流速，m/s；V_x 为单宽流入量的流速在 x 方向的分量，m/s；其余符号意义同前。

6. 积雪融雪过程

尽管"能量平衡法"对积雪融雪过程的描述提供了很好的物理基础，但由于求解能量平衡方程所需参数和数据过多，因此在实践中常用简单的"温度指标法"（Temperature-index approach）或"度日因子法"来模拟积雪融雪的日或月变化过程。WEP-L 模型目前采用"温度指标法"计算积雪融雪的日变化过程，积雪融

雪计算在产流过程之前进行，通过气温、初始积雪量决定是否进行该过程，计算公式为

$$SM = M_f(T_a - T_0) \tag{2.74}$$

$$\frac{dS}{dt} = SW - SM - E \tag{2.75}$$

式中：SM 为融雪量，mm/d；M_f 为融化系数或称"度日因子"，mm/（℃·d）；T_a 为气温指标，℃；T_0 为融化临界温度，℃；S 为积雪水当量，mm；SW 为降雪水当量，mm；E 为积雪升华量，mm。

"度日因子"既随海拔高度和季节变化，又随下垫面条件变化，常作为模型调试参数。一般情况下为 1~7mm/（℃·d），且裸地高于草地、草地高于森林。气温指标通常取日平均气温。融化临界温度通常为-3 ~ 0℃。另外，为将降雪与降雨分离，还需要雨雪临界温度参数（通常为 0 ~ 3℃）。

2.2.3 能量循环过程模拟

蒸发蒸腾与能量循环过程密切相关，WEP-L 模型对地表面-大气间的能量循环过程进行了比较详细的模拟。地表面的能量平衡方程为

$$RN + A_e = L_E + H + G \tag{2.76}$$

式中：RN 为净放射量，MJ/m^2；A_e 为人工热排出量，MJ/m^2；L_E 为潜热通量，MJ/m^2；H 为显热通量，MJ/m^2；G 为地中热通量，MJ/m^2。

净放射量（RN）是短波净放射量（RSN）和长波净放射量（RLN）相加求得：

$$RN = RSN + RLN \tag{2.77}$$

WEP-L 模型包括日以内的能量循环过程模拟与日间平均能量循环过程模拟两个模块，本书只对日平均能量循环过程模拟部分做简要介绍，包括短波放射、长波放射、潜热通量、地中热通量、显热通量和人工热排出量。

1. 短波放射

在没有短波放射观测数据的情况下，通常利用日照时间观测数据推算日短波放射量。推算公式（Jia，1997）为

$$RSN = RS(1 - \alpha) \tag{2.78}$$

$$RS = RS_0(a_s + b_s \frac{n}{N}) \tag{2.79}$$

$$RS_0 = 38.5 d_r(\omega_s \sin\phi\sin\delta + \cos\phi\cos\delta\sin\omega_s) \tag{2.80}$$

$$d_r = 1 + 0.33\cos(\frac{2\pi}{365}J) \tag{2.81}$$

$$\omega_s = \arccos(-\tan\phi\tan\delta) \qquad (2.82)$$

$$\delta = 0.4093\sin(\frac{2\pi}{365}J - 1.405) \qquad (2.83)$$

$$N = \frac{24}{\pi}\omega_s \qquad (2.84)$$

式中：RS 为到达地表面的短波放射量，MJ/（m^2·d）；α 为短波反射率；RS_0 为太阳的地球大气层外短波放射量，MJ/(m^2·d)；a_s 为扩散短波放射量常数(在平均气候条件下为 0.25)；b_s 为直达短波放射量常数（在平均气候条件下为 0.5）；n 为日照小时数；N 为可能日照小时数、d_r 为地球与太阳之间的相对距离；ω_s 为日落时的太阳时角；ϕ 为观测点纬度（北半球为正，南半球为负）；δ 为太阳倾角；J 为 Julian 日数（1 月 1 日起算）。

2. 长波放射

在没有长波放射观测数据的情况下，日长波放射量的推算公式（Jia，1997）为

$$RLN = RLD - RLU = -f\varepsilon\sigma(T_a + 273.2)^4 \qquad (2.85)$$

$$f = a_L + b_L\frac{n}{N} \qquad (2.86)$$

$$\varepsilon = -0.02 + 0.261\exp(-7.77\times10^{-4}T_a^2) \qquad (2.87)$$

式中：RLN 为长波净放射量，MJ/（m^2·d）；RLD 为向下（从大气到地表面）长波放射量，MJ/(m^2·d)；RLU 为向上（从地表面到大气）长波放射量，MJ/(m^2·d)；f 为云的影响因子；ε 为大气与地表面之间的净放射率；σ 为 Stefan-Boltzmann 常数，即 4.903×10^{-9} MJ/（m$^2\cdot$K$^4\cdot$d）；T_a 为日平均气温，℃；a_L 为扩散短波放射量常数（在平均气候条件下为 0.25）；b_L 为直达短波放射量常数（在平均气候条件下为 0.5）；n 为日照小时数，h；N 为可能日照小时数，h。

3. 潜热通量

潜热通量的计算公式为

$$L_E = \ell\cdot E \qquad (2.88)$$

$$\ell = 2.501 - 0.002361\,T_s \qquad (2.89)$$

式中：ℓ 为水的潜热，MJ/kg；T_s 为地表温度；E 为蒸散发（根据 Penman-Monteith 公式计算）。

4. 地中热通量

地中热通量的计算公式为

$$G = c_s d_s(T_2 - T_1)/\Delta t \qquad (2.90)$$

式中：c_s 为土壤热容量，MJ/(m$^3\cdot$℃)；d_s 为影响土层厚度，m；T_1 为时段初的地表

面温度，℃；T_2 为时段末的地表面温度，℃；Δt 为时段，d。

5. 显热通量

显热通量可根据空气动力学原理计算，其公式为

$$H = \rho_a C_P (T_s - T_a)/r_a \qquad (2.91)$$

式中：ρ_a 为空气的密度；C_P 为空气的定压比热；T_s 为地表面温度；T_a 为气温；r_a 为空气动力力学的抵抗。

虽然上式可与式（2.90）及能量平衡方程联合，用迭代法求解 H、G 和 T_s，但计算量大并且结果不稳定。考虑到日平均热通量和其他热通量相比很小，此处用日气温变化近似日地表面温度变化，在求出地中热通量后，根据能量平衡方程求解显热通量：

$$H = (RN + A_e) - (L_E + G) \qquad (2.92)$$

6. 人工热排出量

在城市地区，工业及生活人工热消耗的排出量（A_e）对地表面能量平衡有一定影响，根据城市土地利用与能量消耗的统计数据加以考虑。

2.2.4 社会水循环过程模拟

WEP-L 模型中的社会水循环模块受外部输入的社会取用水量驱动，需要知道每个计算单元每天的社会取用水量。然而，通常可获取的社会用水数据往往是某个省市的年统计数据。因此，社会用水数据的时间、空间展布是进行社会水循环过程模拟的基础。

2.2.4.1 社会用水数据展布

社会用水按用途可分为农业灌溉用水、居民生活用水、工业生产用水以及生态用水，其中农业灌溉用水和工业生产用水占据比重较大。按来源可分为地表水、地下水、跨流域调水。按时间可分为历史用水和预测用水，历史数据来自统计年鉴，预测数据通过其他方法估算。社会用水根据行政区域数据展布到计算单元上，供社会水循环模拟使用。

农业灌溉用水历史数据主要来自统计年鉴，一般为各省或各地市年数据，需要降尺度展布到计算单元上。根据统计年鉴，灌溉用水类型主要有水田、水浇地、林果地、草场、菜田以及鱼塘补水。WEP-L 模型将 6 类用水重新归类成 4 类：水田用水、水浇地用水（含菜田）、林草用水和鱼塘补水，各类农业用水又包含地下、地表两个部分，即农业用水数据共 8 个类型。其中水田用水、水浇地用水属于灌溉农田域，林草用水属于植被裸地域，鱼塘补水属于水域。水田、水浇地用水以

灌概面积作为依据进行展布：首先，根据年灌溉面积以及土地利用分布图估算各计算单元灌溉面积；其次，根据年降水量估算单位面积灌概定额以及整个计算单元灌溉定额；第三，将水田、水浇地地表用水按灌溉定额加权平均分配到计算单元内。其他类型农业用水则按计算单元面积加权平均分配。时间尺度上，根据当地作物种植结构及灌概制度，将年农业用水分配到旬，从而反映年内灌溉不均匀性，而旬内则按日进行平均分配。

工业生活用水历史数据也来自统计年鉴。空间尺度上，农业生活用水基于农村面积进行面积加权平均分配；工业及城市生活则基于城市面积进行加权平均。时间尺度上，则年内平均分配。

2.2.4.2　社会水循环过程模拟

社会水循环是以"取水-输水-用水-耗水-污水回用-排水"为环节的独立于自然水循环以外的侧支循环过程，水循环通量是受社会经济因素驱动影响的。社会水循环过程是从自然水循环过程中独立出来的不同的循环过程，分析各环节同自然水循环的关系发现，只有"取水、排水"两个环节直接同自然水循环相关，其他环节属于社会水循环内部环节，同自然水体之间无交互关系。因此，在模型拟合"自然-社会"二元水循环过程中，将社会水循环划分成 3 个模块分别进行模拟：取水模块、用水模块以及排水模块。取水模块主要计算自然水循环不同水体在取水过程中的减少量；用水模块包括输水、耗水以及污水回用等环节；排水模块则将排泄的污水作为一个输入项添加到自然水循环过程中，参与后期自然水循环。

（1）取水过程模拟。取水模块中认为地下水用水直接从计算单元获取，直接引发的效果是降低地下水位；而地表水用水则来自河道或水库，主要导致河道、水库水量的减少。由于 WEP-L 模型以等高带为计算单元进行水量平衡计算，还需考虑本地河道取水和异地河道取水，即是否从计算单元所在子流域河道取水，模型构建过程中，需要对灌区及计算单元分别进行地表灌溉水来源设置，即指定取水子流域编号及水库编号，优先从水库取水，如果没有水库（或水库没有修建）则从其他子流域取水，如果前两者都没有则从当地子流域取水。其中对灌区的设置主要用于农业灌溉地表用水过程计算；而对计算单元的设置主要用于工业、生活地表用水过程计算。

（2）用水过程模拟。用水模块使用损失消耗系数进行社会水循环用水分量的估算，包括管道输水损失（含管道蒸发及下渗）、工业、生活耗水率（主要指用水过程中蒸发掉的部分，含产品带走的部分；分农村生活、城镇生活、工业生产 3 个耗水系数）。首先，使用管道损失系数，将社会用水量划分成损失量和净用水量

（或农业净灌溉量），其中损失量又进一步划分为下渗量和蒸发量。其次，农业净灌溉量作为额外用水加入到计算单元的水循环过程；工业生活净用水量则使用耗水率划分成蒸发量和污水排放量。

（3）排水过程模拟。排水模块主要功能是按污水来源将用水模块计算所得污水排放量返还到自然水循环过程。农村排放污水直接参与当地坡面汇流过程，即认为农村排水是计算单元坡面汇流的来源之一。由于城市污水通过管网输送到污水处理厂处理后再进行排放，模拟过程中将工业、城镇生活污水使用污水回用率划分成污水回用部分和污水排泄部分（指处理后的）。由于城市污水主要经城市管网进行排泄，模拟过程中认为污水排泄部分直接进入河道。污水回用部分主要作为工业用水、生态用水的一个来源，以模拟城市化过程中的污水回用。

2.2.5 WEP-L 模型的构建和模拟步骤

2.2.5.1 模型构建

WEP-L 模型采用子流域套等高带作为计算单元，在模型运行前需要获取所有计算单元相关参数数值。基于水文气象、自然地理及社会经济等各类基础数据的收集整理，可以构建研究区域的 WEP-L 模型，模型具体的构建步骤如图 2.4 所示。

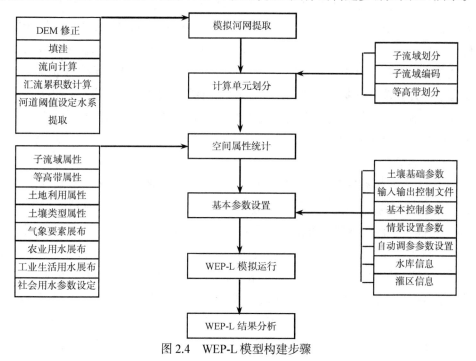

图 2.4　WEP-L 模型构建步骤

（1）模拟河网提取。通过 DEM 提取流域模拟河网，以便后期子流域划分及相关地形信息统计。由于提取的模拟河网往往同实际河网相差很大，一般都需要使用实际河网对 DEM 进行修正，增加实际河网所在栅格的汇水能力，从而提取出同实际河网相似度高的模拟河网。对 DEM 进行修正后，使用坡面流累积算法（O'Callaghan 和 Mark，1984）提取模拟河网，使用 D8 算法计算栅格流向，使用流向计算栅格汇流累积数，设置河网阈值提取河网。

（2）计算单元划分。使用已提取的模拟河网进行流域计算单元的划分，包括子流域划分、子流域编码和等高带划分。其中，子流域划分是根据模拟河网将流域划分成一系列相互独立的子流域以反映区域的空间异质性；子流域编码则将划分的子流域进行编码标识以反映子流域之间的空间拓扑关系；等高带划分则将各子流域内山区按高程分为一系列等高带以反映高程的影响。

（3）空间属性统计。"子流域属性"统计过程主要计算子流域级别相关信息，如子流域面积、子流域拓扑关系、河道坡降、河道曼宁系数等参数。"等高带属性"主要计算等高带级别相关信息（即计算单元相关信息），如等高带面积、坡度、所属行政区等。"土地利用属性"主要指统计计算单元内不同类型土地利用面积百分比，用以划分 5 大类下垫面面积，反映下垫面的空间变异性。"土壤类型属性"主要指统计计算单元内土壤类型，该过程采用计算单元内最大面积的土壤类型作为整个计算单元土壤类型。具体土壤类型对应参数则从土壤基础参数文件中读取。

"气象要素展布"过程主要使用 ARDS 算法将气象站数据展布到各子流域形心，作为整个计算单元气象数据输入。"农业用水展布"过程和"工业生活用水展布"过程根据具体展布规则将社会用水展布到计算单元。"社会用水参数设定"过程则主要设定各计算单元相关社会水循环参数，如工业生活取水子流域、输水损失系数、耗水系数等。

（4）基本参数设置。该过程主要设置相关非空间类参数。"土壤基础参数"表示土壤相关的基本参数信息，如饱和导水率、田间持水率、饱和持水率等。WEP-L 模型中将土壤类型概化成 4 类：砂土类、壤土类、黏壤土类以及黏土类。"输入输出控制文件"用于记录模型所使用的相关输入输出文件信息。"基本控制参数"主要指模拟时间、是否考虑用水、是否考虑水库等控制参数。"情景设置参数"主要指用以描述特定情景的参数。"自动调参参数设置"主要用以程序自动调参相关功能。"水库信息"指水库月蓄变量资料以及水库基本信息（如兴利库容、修建年份等），主要用于水库调节及水库取用水。"灌区信息"指灌区相关取水子流域和取水水库编号信息。

经过上述步骤可以完成区域 WEP-L 模型构建，之后根据具体问题进行模型模拟和结果分析。

2.2.5.2 模型模拟

WEP-L 模型可以单次顺序模拟多个情景，每个情景按逐年、逐月、逐日循环模拟，进而实现长系列模拟，其循环模拟步骤如图 2.5 所示（刘佳嘉，2013）。

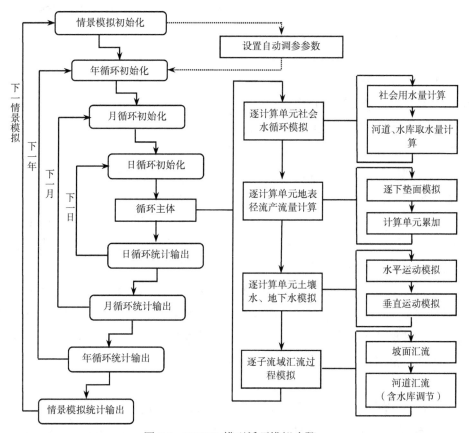

图 2.5 WEP-L 模型循环模拟步骤

各情景模拟开始时读取相关输入数据并进行参数初始化，如子流域信息、等高带信息、水库信息等，这些参数信息最主要的特征是在年月日循环中不会被改变。可通过设置自动调参开关，决定是否进行自动调参模拟。模型支持 GLUE 调参方式。设置好相关自动调试参数后，进入模型年月日循环体进行具体模拟。如果不自动调试，则直接进入年月日循环体。

WEP-L 模型以日为基本单元进行模拟，分年、月、日三个级别进行嵌套循环，每个级别循环开始都进行相关初始化，主要工作是相关功能参数初始化以及和年月日相关的数据读取，如土地利用类型数据的设置以及社会年用水的读取均在年循环初始化中实现；而计算单元日气象数据则在日循环初始化中完成。后续扩展中，只需知道参数变量的时间尺度，只要在对应尺度循环初始化模块进行设置即可。各尺度循环模拟结束后，按要求输出逐日、逐月、逐年相关参数，用以结果展示。

逐日循环中的"循环主体"模块是 WEP-L 模型核心所在，用于实现"自然-社会"二元水循环的模拟。概括而言，循环主体可以分为 4 个子模块：社会水循环模块、产流模块、土壤水-地下水模拟模块、汇流模块。

（1）社会水循环模块。社会水循环模块包括两个部分：社会用水量的计算和河道、水库取水量计算。其中社会用水量的计算指使用输入数据进行相关分量的累加，获取水域、植被-裸地域、灌溉农田域相关地表水、地下水使用量。如果存在跨流域调水，则相应减少受水区域地表、地下水开采量。根据统计所得地表水使用量分别从本地河道、异地河道以及水库中减去相应数值，模拟社会水循环的地表取水过程。地下水取水量则在地下水模块使用。

（2）产流模块。模型产流模块分暴雨期和非暴雨期分别进行，其中暴雨期采用逐小时模拟，而非暴雨期采用逐日模拟。分 5 类下垫面分别进行产流模拟，通过面积加权平均累加到整个计算单元。

（3）土壤水-地下水模拟模块。模型土壤水、地下水模块主要进行土壤水、地下水相关垂直运动、水平运动模拟以及地下水位变化情况。该模块模拟地下水补给、土壤水动态变化、壤中流出流、地下径流等一系列土壤中相关水分运移，同时也模拟土壤蒸散发过程。对地下水而言，通过输入输出水量平衡计算日尺度地下水位变化。

（4）汇流模块。模型汇流过程主要包括坡面汇流过程和河道汇流过程。汇流过程以 6h 为一个时段进行模拟，采用"牛顿下山法"进行运动波方程求解。河道汇流计算输入项包括坡面产流和上游来水，输出项主要是水域蒸发（其中人工河道取水量在模拟开始社会水循环模块进行了消减）。根据方程计算出河道流量后，还需根据是否有水库进行水库调蓄计算。水库调蓄使用月蓄变资料进行调蓄，根据逐日计算流量累加计算，使得全月蓄变量满足历史资料。如果没有月蓄变量资料，则使用最小下泄流量进行调蓄，即如果计算流量小于最小下泄量，则实际计算流量等于最小下泄量，否则使用计算值。

2.3 统计降尺度模型

全球大气环流模型考虑了气候系统内部各种复杂的物理过程，通常被用来模拟现状气候，并提供未来气候变化信息，在大陆和半球尺度上取得了良好的模拟效果。另外，水文模型在水循环机理研究、水文预报和水资源评估方面发挥着无法替代的重要作用。所以，将气候模式与水文模型相结合，是研究气候变化对水文水资源影响问题的基本思路。

由于研究目的和设计框架的限制，GCM 的分辨率较低，通常在 2°×2° 以上，从本质上讲无法提供次网格尺度的特征和动力过程。而流域水文模型通常考虑的是几百米到几十公里尺度上的水量、水质等的模拟和预报。耦合这两类模型时面临的一个关键问题就是空间尺度的不匹配。为了解决这一问题，降尺度方法被提出，通过该方法的应用，就可以把 GCM 输出的分辨率较低的大尺度气候变量转换成响应模型所能识别的分辨率，然后再输入到水文模型中来做影响分析。

2.3.1 降尺度方法分类

降尺度方法大致可分为两类，即动力降尺度法（Dynamical Downscaling, DD）和统计降尺度法（Statistical Downscaling, SD）。动力降尺度法，通常指把一个高精度的有限面积模型（Limited-Area Models, LAMs）或者区域气候模型（Regional Climate Models, RCMs）完全嵌套进一个 GCM 中，同时使用 GCM 提供的边界条件，这样运行之后就可以得到局地尺度的气候变化信息。统计降尺度法，就是在局地变量和大尺度表面或者自由对流层变量平均值之间建立一种统计关系，然后通过这种关系来模拟局地变化信息或者获得未来的气候变化情景。

多种动力和统计降尺度方法的比较表明：在某些季节和某些区域，动力降尺度和统计降尺度的具体方法各有优劣；基本上都可以捕捉到当前预报量的季节变化特征，总体效果差不多；但在未来气候情景预估方面却存在较大差异；统计与动力相结合的降尺度方法兼顾两种方法的优点，必将成为降尺度技术的发展趋势（褚健婷，2009）。

由于统计降尺度方法简单灵活，计算快捷，比较适用于气候变化影响评估方面的工作，因此，本书中主要介绍统计降尺度方法。

使用统计降尺度法有三条基本假设（Wilby 等，1998）：

（1）局地尺度的参数都是天气强迫的函数。

（2）用来获得降尺度联系的 GCM 在其所在的尺度上是有效的。

（3）在温室气体强迫下，获得的联系依然是有效的。

按照使用技术的不同，统计降尺度方法可分为回归方法、环流分型技术和天气发生器三大类（Xu，1999）。三种不同方法的比较见表 2.2（褚健婷，2009）。

表 2.2　统计降尺度方法分类及比较

项目	回归方法	环流分型技术	天气发生器
概念	在大尺度气候变量和局地变量之间通过回归等技术建立一种定量的（非）线性关系	把特定的大气状况与局地天气变量相联系，对与区域气候变化相关的大尺度大气环流进行分类	以大尺度气候状况为条件，拟合气候要素的观测值，得到统计模型的拟合参数，然后用该模型生成气候要素的随机时间序列
使用步骤	①确定大尺度预报器 G，它控制着局地参数 L；②在 L 和 G 之间找到一种统计关系；③用独立资料验证这个关系的有效性；④若该关系被确定，则可以使用 GCM 资料来做估计	①把大气环流形势分类，分成有限数目的类型；②通过使用随机模型来模拟天气类型；③使用条件概率，把降雨发生的可能性与天气类型相联系；④使用天气类型模拟降雨和/或其他水文气象过程	①使用日降雨资料确定每天状态的概率；②使用指数（或其他）分布来匹配和估计在下雨天的降雨量；③作出其他天气变量（温度、辐射等）以干或湿天为条件的条件概率
优点	简单，计算量小	基于有限历史数据集，有可能在单点生成任意多天数的日降雨序列	能生成任意长度的时间序列，能产生气候平均值，也可以任意调整气候变率
缺点	需要非常长的观测序列	天气分类方案在某种程度上是狭隘的或主观的，需要更加普适性的分类系统	依赖于 GCM 预报的降雨变化，不可靠

除以上三种类型外，还有几种方法耦合使用的情况，比如在国际上应用较广泛的 SDSM 模型（Statistical DownScaling Model）就是基于回归和天气发生器相耦合的原理（Wilby 等，2002）。本研究选用 SDSM 模型作为全球气候模式和分布式水文模型的耦合途径。

2.3.2　统计降尺度模型 SDSM

SDSM 模型基于多元回归和随机天气发生器相耦合的原理，首先建立大尺度气候因子（predictor）与局地变量（predictand）之间的统计关系，之后模拟局地变化信息或获得未来气候变化情景，是目前国际上应用较为广泛的一个统计降尺度模型。该方法的雏形最早于 1998 年 Wilby，针对当时用涡度回归方程做降水预报的做法，除涡度以外，又分别考虑了北大西洋涛动指数 NAOI 和海表面温度季节异常指数 SST，发现预报效果有所改进，但是提高空间不大；随后 Wilby 等（1998）又将预报量从降水拓展到温度、云量、风速、辐射、蒸发等，而且考虑的预报因子也不仅仅是涡度，还考虑了气流强度和风向等，达到了较好的预报效果；1999年，Wilby 等在做日降水和最高、最低温度的降尺度时，回归方程考虑了迟滞一阶自回归项，这部分体现了一阶 Markov 链效应，而且降水的形式以指数形式表达，预报更加合理；在这些研究成果的积累下，2002 年，Wilby 等推出了 SDSM 软件的 2.1 版本，这标志了 SDSM 软件的正式面世。随后，SDSM 软件不断改进，不断完善。近几年来，许多方法比较的文章都表明，SDSM 模型性能优越，使用简单，其应用越来越广泛（Fowler 等，2007）。

在 SDSM 模型中，大尺度预报因子被用作局地天气发生器的参数，以条件化降水是否发生，并反映湿天降水量大小的随机变化。其原理描述如下。

令降水发生的无条件概率为

$$p_{wi} = \alpha_0 + \alpha_{i-1} p_{w(i-1)} + \sum_{j=1}^{n} \alpha_j \widehat{u}_i^{(j)} \qquad (2.93)$$

式中：p_{wi} 为第 i 天的降水概率；$\widehat{u}_i^{(j)}$ 为标准化后的大气变量；回归系数 α_j 用最小二乘法得到；$p_{w(i-1)}$ 和 α_{i-1} 分别为考虑了迟滞一天的降水发生概率和对应的回归系数，该项是可选项，视使用的地区和预报量特点而定。

给定在[0, 1]区间均匀分布的随机数 rn_i，当 $rn_i \leqslant p_{wi}$ 时产生降水。降水量的标准分数 Z-score（某天的降水量与平均值的差再除以标准差）为

$$z_i = \beta_0 + \beta_{(i-1)} z_{(i-1)} + \sum_{j=1}^{n} \beta_j \widehat{u}_i^{(j-1)} + \varepsilon \qquad (2.94)$$

式中：z_i 和 $z_{(i-1)}$ 分别为第 i 天和第 $i-1$ 天的标准分数 Z-score；参数 β_j 也是用最小二乘法得到；ε 为满足正态分布的随机误差项。

则湿天降雨量为

$$rain_i = F^{-1}[\phi(z_i)] \qquad (2.95)$$

式中：$\phi(z_i)$ 为正态累积分布函数；F^{-1} 为日降水量的分布函数的反函数。

对于温度，不存在是否发生的随机性，所以只要考虑模拟量大小的随机性即可，可以直接用类似上式来确定（褚健婷，2009）。

2.4 天气发生器

2.4.1 概述

全球气候模式和分布式水文模型之间不仅存在空间尺度不匹配的问题，而且

常常还存在时间尺度不匹配的问题：受计算机的计算能力和硬盘容量所限，大部分气候模式输出的降水、温度等气象要素往往是月尺度，很少能给出日尺度的数据系列，即使部分气候模式能给出日尺度的输出结果，但限于时间序列长度和数据量，很难在实际中进行广泛的应用。而分布式水文模型对数据时间尺度的要求是日或者更小尺度，因此，为评估气候变化条件下的水资源情势，常常需要对气候模式预估数据进行时间降尺度。

根据国内现有研究成果，进行时间降尺度比较可行和成熟的方法是利用天气发生器。天气发生器(Weather Generator)，又称天气数据模拟模型，是研究某个地区天气或气候的一般特征，并根据这些统计特征模拟出该地区一年内逐日天气数据的模型。天气发生器是一种随机模型，可模拟的气候要素主要有降水量、最高气温、最低气温、太阳辐射等。天气发生器是一系列可以构建气候要素随机过程的统计模型，可以被看作复杂的随机数发生器。天气发生器通过直接拟合气候要素的观测值，得到统计模型的拟合参数，然后用统计模型模拟生成随机的气候要素时间序列，这种生成的气候情景的时间序列与观测值很相似。天气发生器不仅可以生成未来某种气候情景下的逐日气候资料，为气候变化影响研究提供支持，而且可以随机模拟足够长的逐日气候资料序列，为研究极端气候事件的发生及其影响的风险分析奠定基础。另外，对于没有观测记录或资料时间较短的地区来说，很难进行气候条件的影响分析，而天气发生器则可以通过参数的插值实现对该地区逐日气候条件的随机模拟，弥补气候资料的不足。因此，天气发生器在气候变化研究、气候影响分析等方面具有广阔的应用前景。

国际上对天气发生器的研究最早开始于 20 世纪 60 年代(Gabriel，1962；Bailey，1964)，初始模型的建立主要针对降水量单一要素的模拟，用于水文方面的研究。随着研究的不断深入 (Richardson，1981；Richardson 等，1984；Semenov 等，1998、1999)，模拟的气候变量逐渐增加。目前，天气发生器已广泛应用于作物、水文、土壤侵蚀、土地利用、社会经济系统等模拟模型进行气候条件的影响评价 (Richardson，1985；Wight 等，1991；Semenov 等，1995；Wallis 等，1997；Bannayan 等，1999)，并已成为全球气候变化、极端气候事件发生及气候影响风险评估等研究的重要工具。

中国在天气发生器方面的研究始于 20 世纪 80 年代末和 90 年代初，主要是引进国外的天气模型，对其参数化方案和模拟效果在中国部分地区进行检验(陈明昌等，1994；吴金栋等，2000)，并在此基础上加以改进。因中国气候特点与美国有很大的相似性，所以引进的天气发生器主要是美国的 WGEN(Richardson，1984)。

中国农业大学、中国农业科学院等单位先后根据中国内地复杂的地势形态和气候多样性的特点，在 WGEN 的基础上研究开发了自己的天气发生器，并用于病虫害发生的风险分析、全球气候变化及气候影响评价等方面的研究（Lin 等，1997；Zhao，1998；Wu 等，2001；Ma，2003）。但是由于气候资料等方面的原因，上述单位研制开发的中国天气发生器研究站点太少，所用资料年代较短且基本为1985 年以前的，很难准确反映近期当地气候的基本状态。中国气象局国家气候中心（Beijing Climate Center of China Meteorological Administrator）在前人工作的基础上，联合瑞典哥德堡大学地球科学中心区域气候研究小组（Regional Climate Group at the University of Gothenburg）研究开发了适用于中国广大地区的中国天气发生器 BCCRCG-WG 3.00，以全中国为研究区域，研究站点多达 672 个，在模型参数的估计上使用了更长的时间序列，更能反映当地的实际气候，可以随机模拟不同的气候变化情景条件下单站的逐日降水、最高气温、最低气温、日照时数等（廖要明等，2004）。本研究选用该天气发生器来进行气候模式预估数据的时间降尺度。

在天气发生器研究工作中，降水的模拟研究是关键，因为气温、辐射等其他气候要素的模拟都与降水的发生与否有关。逐日最高、最低气温和日照时数等非降水变量的模拟是在降水模拟的基础上，分干、湿两种状态分别进行，如果当天为干日，则用干日的模拟参数进行非降水变量的模拟，否则用湿日的模拟参数进行模拟。因此这里以降水的模拟为例，介绍天气发生器 BCCRCG-WG 3.00 的基本原理。

2.4.2 降水的模拟

降水的模拟主要包括两个过程，首先是降水发生的模拟，即确定当天是否产生降水，用干、湿日来表示。降水的发生模拟模型主要有两状态（干、湿）一阶马尔科夫链法（Markov Chain）、高阶马尔科夫链法和间隔长度（Spell Length）法3 种。其中，两状态一阶马尔科夫链法因其简单、实用而成为大多数天气发生器采用的模拟模型。干、湿日序列确定下来后，如果为干日，则日降水量为 0mm；如果为湿日，则要进行日降水量的模拟。常用的日降水量模拟模型有两参数的GAMMA 分布和混合指数分布等，其中 GAMMA 分布是最常用的一种模型（Yao等，1990）。

2.4.2.1 一阶马尔科夫链法

在该方法中，降水能否出现，仅取决于前一天有无降水发生，而与更前时刻的降水状态无关(即马尔科夫链的无后效性)。假设日降水量不小于 0.1mm 为一个湿日，用符号 W 表示，干日用 D 表示，设 $P(WW)$ 表示前一天为湿日的条件下仍维持为湿日的转移概率，$P(WD)$ 表示前一天为干日的条件下转移为湿日的转移概率，则马尔科夫链可以由 $P(WW)$、$P(WD)$ 唯一确定。由于中国大部分地区的降水都具有明显的季节性变化，所以转移概率的计算按月(1—12 月)或季分别进行计算较为合理。当逐日降水量资料比较完整，资料年代较长(至少 30 年)时，逐月的转移概率 $P(WW)$、$P(WD)$ 可以直接由历年各月的日降水序列计算求得；但当资料缺乏或时间长度较短，转移概率难以确定时，可以通过经验公式进行计算。研究表明，$P(WW)$、$P(WD)$ 与多年月平均降水日数（即湿日出现的频率，用 P_w 表示）之间具有良好的相关关系，即

$$P(WD) = aP_w \qquad (2.96)$$

$$P(WW) = 1 - a + P(WD) \qquad (2.97)$$

式中：a 为一常数，取值范围为 0.6~0.9。

美国较早研究开发的 WGEN，其中的转移概率计算就是利用以上两个相关关系式求得的，且在美国各地 a 的取值均为 0.75。

2.4.2.2　GAMMA 分布

日降水量的变化通常用两参数的 GAMMA 分布来描述。其分布密度为

$$f(x) = \frac{x^{\alpha-1} \mathrm{e}^{\frac{-x}{\beta}}}{\beta^{\alpha} \Gamma(\alpha)} \qquad (2.98)$$

式中：α 为形态参数，其大小主要依赖于偏差系数 C_s，其关系式为

$$\alpha = \frac{4}{C_s^2} \qquad (2.99)$$

因此，α 的大小决定了 GAMMA 分布的形状；β 为尺度参数，在 α 一定的前提下，其大小主要决定于序列的均方差 σ，它们之间的关系为

$$\beta = \frac{\sigma}{\sqrt{\alpha}} \qquad (2.100)$$

因此，β 的大小决定了 GAMMA 分布的尺度（分散程度）。

2.4.2.3　降水的随机模拟

一阶马尔科夫链法的转移概率 $P(WW)$、$P(WD)$ 和 GAMMA 分布的形态参数 α、尺度参数 β 合称为降水模拟参数。

对于中国绝大多数地区来说，降水具有明显的季节性变化，所以这 4 个参数都按月份进行统计、求算。如果一个地区各月的降水转移概率 $P(WW)$、$P(WD)$ 确

定下来后，就可以与计算机产生的[0, 1]之间的随机数进行比较产生该月的干湿日系列。假设模拟时段的第一年第一天为干日，降水量为 0，如果产生的随机数大于该月的 $P(WD)$，即干日转化为湿日的概率小于随机数，则第二天仍维持为干日，降水量为 0；否则，转移概率大于等于随机数，第二天转换为湿日，需要通过两参数的 GAMMA 分布来产生该日的降水量。在模拟过程中，当前一天为湿日时，则将产生的随机数与该月的降水转移概率 $P(WW)$ 比较，如果随机数大于 $P(WW)$，则当天为干日，降水量为 0。依此类推，即可产生若干年的逐日降水序列。

2.5 基于指纹的流域水循环要素演变的归因方法

2.5.1 指纹的概念及内涵

基于指纹的归因方法目前被广泛应用于气候变化领域的检测与归因研究中。所谓气候变化的检测（Detection），就是一个评估观测到的变化是否有可能由气候系统的自然变异引起的过程。对一个变量进行检测和归因分析，基本思想就是降维，即将原来的多维问题降为更低维度上或者单变量的问题（Hegerl 等，1996），在得到的低维空间中，通过指纹和信号强度两个指标，就可以将变量实测的变化信号强度与自然变异噪音对比，以判断观测到的变量的变化是否可能由气候系统的自然变异引起；同时，也可以将变量实测的变化信号强度与特定气候强迫类型（温室气体排放、太阳活动和火山爆发等）下的信号强度进行对比，分析变量实测变化信号是否与特定强迫条件下有着一致的信号，判断实测的变量变化是否有可能由特定的气候强迫条件引起，进而进行归因分析。欲了解更多关于该方法的详细信息，请参考文献（Hegerl 等，1996）和（Barnett 等，2001）。

指纹方法采用低维的单变量型态指标，将实测数据与某些特定条件下的气候变化型态对比，可以看做是对实测数据的一种"过滤器"（Hegerl 等，1996）。具体来说，某个变量变化的指纹就是对该变量的一系列观测值或模拟值进行经验正交函数 EOF（Empirical Orthogonal Function）分解后的第一分量，亦即在解释数据方差变异的所有分量中贡献最大的分量。指纹是所研究的变量对某种强迫或环境条件的时空响应，具有空间和时间双重属性，空间上反映变量的变异型态，时间上反映该变异型态随时间的变化趋势。

需要说明的是，在进行 EOF 分解时，可能会出现第一分量解释的方差比例也不是很大的情况，如果研究的是实际的大尺度的地球物理科学变量，并且存在已知的空间变异型态，如南方涛动、厄尔尼诺等，这时为了能对变量的变异给出合理的物理解释，需要采用优化指纹方法（Hegerl 等，1996）。而在本研究中，由于研究对象是流域尺度的水文变量的变化，即使选用优化指纹方法，也不一定能给出合理的物理解释，何况流域尺度水文变量的空间变异型态尚无成熟和科学的认识，同时，本研究的目的也不是为了给出水文变量变化的物理机制方面的成因，指纹的计算只是作为归因分析研究中的一个中间变量，因此，本研究只是选用了一般的指纹方法，而没有选用优化指纹方法。

2.5.1.1　数学描述

EOF 方法是一种对变量的空间变异型态和时间变化特征进行分析的方法，目前被广泛应用于气候领域变量［如海平面气压（SLP）、海洋表面温度（SST）等］的空间变异研究中。

EOF 方法本质上是一种基于矩阵运算的方法，对于某个研究变量，假设有 n 个数据施测点 a_1，a_2，…，a_n，施测时间分别为 t_1，t_2，…，t_t，则可以构成如下矩阵 F：F 的每一行是某一时刻研究变量在不同地点的取值，每一列是变量在某个地点不同时刻的值，EOF 方法就是以矩阵 F 为研究对象进行分析的。

$$F = \begin{pmatrix} a_{11} & \cdots & a_{1n} \\ \vdots & & \vdots \\ a_{t1} & \cdots & a_{tn} \end{pmatrix} \quad (2.101)$$

根据矩阵 F 可以求得其协方差矩阵 R：

$$R = F^t F \quad (2.102)$$

之后，对这一特征值问题进行求解：

$$RC = C\Lambda \quad (2.103)$$

式中：Λ 为包含协方差矩阵 R 的特征值的对角矩阵；C 为对应于 R 各特征值的特征向量矩阵。

对于每个特征值，可以求得相应的特征向量，这些特征向量就是所谓的经验正交函数 EOFs。根据各特征值的大小，将对应的特征向量进行排序，每个特征值都相应的解释了协方差矩阵变异的一部分，解释变异的比例可由相应的特征值占所有特征值之和的比例求得，最大的特征值对应的特征向量解释的方差变异最大，即所谓的指纹。

特征向量矩阵 C 具有如下特性，即

$$C^t C = CC^t = I \quad (2.104)$$

式中：I 为单位矩阵。

这就说明各个 EOFs 在空间上是不相关的，即这些特征向量是彼此正交的。每个 EOF 就代表着一种空间变异型态。将矩阵 F 在 EOF 上进行投影，就可以反映该变异型态随时间波动的情况。

一般来说，解释方差变异最多的几个特征向量就可以代表所研究变量的动力特性，最小的几个特征值对应的特性向量可以看做是随机噪声。

2.5.1.2　关于 EOF 的理解

可以把矩阵 F 的每一行看做一个"地图"，每一时刻的所有 n 个观测值可以看做 n 维空间中的一个点。如果观测是完全随机的话，那么这些点在 n 维空间中表现的应该是毫无规律的点集；如果观测数据中存在任何规律，这些点在 n 维空间中就会沿某个方向分布。因此，可以定义一个新的坐标系，使得新坐标系的坐标轴刚好在该方向上。这就是为什么进行 EOF 分析的原因。

下面以一个具体的例子来说明该方法的内涵。

假设有太平洋几十年的逐月海洋表面温度数据，对其进行 EOF 分析，可以发现仅 2 个特征向量就可以解释所选数据大部分的变异情况。第一分量（EOF1）的特征为北半球是正值、南半球是负值，相应的 PC 则呈现出以 12 月为周期的变化。因此可以定义 EOF1 为年循环。第二分量（EOF2）的值均在赤道附近，相应的 PC 呈现出以数年为周期的变化。因此认为 EOF2 可能与厄尔尼诺有关。从上述分析可以总结太平洋表面温度的时空变异规律如下：海洋表面温度实际的变化包括两个部分，年周期变化和与厄尔尼诺有关的缓慢变化。另外，既然只有两个特征向量对方差解释贡献较大（其他特征值特别小），可推断观测数据中发现的其他规律只是噪声的体现。应用 EOF 方法可以用两个过程就能解释具有复杂变化特征的海洋表面温度数据。

2.5.1.3　EOF 分析的适用条件

在对变量进行 EOF 分析时，可以通过 KMO（Kaiser-Meyer-Olkin）检验和公因子方差比（Communalities）来判断 EOF 分析是否适用。

KMO 检验统计量是用于比较变量间简单相关系数和偏相关系数的指标，其取值在 0 和 1 之间。当所有变量间的简单相关系数平方和远远大于偏相关系数平方和时，KMO 值接近 1。KMO 值越接近于 1，意味着变量间的相关性越强，原有变量越适合作因子分析；当所有变量间的简单相关系数平方和接近 0 时，KMO 值接近 0。KMO 值越接近于 0，意味着变量间的相关性越弱，原有变量越不适合作因子分析。Kaiser 给出了常用的 KMO 度量标准：0.9 以上表示非常适合；0.8 表示适合；0.7 表示一般；0.6 表示不太适合；0.5 以下表示极不适合。

公因子方差比指的是 EOF 分解提取公因子后，各变量中信息分别被提取出的比例，或者说原变量的方差中由公因子决定的比例。公因子方差比取值在 0 和 1 之间，取值越大，说明该变量能被公因子说明的程度越高。

2.5.2   信号强度

根据计算得出的变量变化的指纹，将该变量的实测系列或者不同条件下的模拟系列投影到该"指纹"方向，采用最小二乘法计算得出的拟合直线的斜率就称为"信号强度"，计算公式为

$$S = trend[F(x) \cdot D(x,t)] \tag{2.105}$$

式中：$D(x,t)$ 为实测时间系列或者某模拟时间系列；$trend$ 为采用最小二乘法计算得出的拟合直线的斜率。

对于实测系列和设定的不同条件下的模拟系列，可以分别求得相应的信号强度。信号强度的正负反映变量的增加或减少，信号强度的大小反映变量变化程度的强弱。通过将不同条件下变量变化的信号强度与实测的变化信号强度对比，就可以对实测的变量变化进行归因分析：若计算的某条件下变量变化的信号强度与实测变化的信号强度符号不一致，则该条件不是导致实测的变量变化的原因；若计算的某条件下变量变化的信号强度与实测变化的信号强度符号一致，则说明该条件是导致实测的变量变化的原因之一，其贡献为该条件下的信号强度与导致实测变量变化的所有条件下的信号强度之和的比值。

上述指纹和信号强度的计算都是针对单个变量的，若对多个变量的变化进行归因分析，方法和单变量的归因是一样的，只是在具体计算时需要对变量系列值略微进行处理：如果各个变量间的量纲不一致，或者量级差别较大时，在计算指纹之前需要对变量的系列值进行标准化。另外，每个时间系列要根据其所代表区域的面积占总区域的比例赋以相应的权重，这样面积较大地区的时间系列在归因分析时所占的比重也相应的大些。

2.5.3   基于指纹的流域水循环要素演变的归因方法

（1）对流域降水、温度、蒸发、径流等水循环要素以及水资源量的演变进行检测分析。对于降水和温度，其自然变异评估仅仅用几十年的资料是远远不够的，受实测资料所限，考虑选用气候模式的长系列控制试验来评估降水和温度的自然变异，参考相关研究成果，在对不同的模式在研究区域的模拟性能进行检验的基础上，选择适用于研究区域的气候模式，基于其近千年的控制试验模拟数据，采

用蒙特卡罗方法确定自然变异情况下降水和温度演变信号强度的概率分布，进而在统计意义上对流域实测的降水和温度变化是否可能由自然变异引起做出判断；对于蒸发、径流等其他水循环要素，根据气候模式得出不同概率水平的自然变异条件下的降水和温度数据，结合建立的天然产流条件下的水文模型，评估自然变异条件下水循环各要素演变的信号，通过与实测的各要素演变的信号进行对比，做出检测判断。

（2）如果水循环要素的变化不可能由自然因素引起，就要进行可能的归因分析。对于降水和温度的演变，考虑温室气体排放导致的气候变化、太阳活动和火山爆发两个因素的影响，对于蒸发、径流等水循环要素的演变，考虑温室气体排放导致的气候变化、取用水和下垫面改变等人类活动因素的影响，结合建立的天然产流条件下的水文模型，基于气候模式得出的温室气体排放情景以及太阳活动和火山爆发情景下的降水和温度，来评估气候变化影响下水循环要素演变的信号强度，通过研究有无取用水条件和对比下垫面改变前后时期的水循环状况，来评估取用水和下垫面改变影响下水循环要素演变的信号强度，进而将不同因素影响下水循环要素演变的信号强度与实测变化的信号强度对比进行归因分析，定量区分不同影响因素在上述要素演变过程中的贡献。

第 3 章　海河流域水文气象要素演变分析

本章是进行变化环境下流域水资源演变归因分析的前期基础工作，即首先明确流域水资源的历史演变情况，对降水、温度、蒸发、入渗以及地表水资源量等水文气象要素的历史演变情况进行多角度、多途径的分析，共分五节。第 3.1 节简单介绍研究对象海河流域的概况；第 3.2 节简单介绍水文气象要素演变的分析方法；第 3.3 节分别对海河流域年降水量、年平均温度、年地表水资源量以及蒸发、入渗等其他水循环要素的演变情况进行分析；第 3.4 节从气象气候的角度，分析了整个流域的水汽输送情况，探讨其对海河流域降水的可能影响；第 3.5 节以海河流域降水和温度为例，从周期性的角度，分析其演变情况。

3.1　海河流域概况

3.1.1　自然地理概况

3.1.1.1　地理位置

海河流域位于东经 112°~120°、北纬 35°~43° 之间，东临渤海，南界黄河，西靠云中、太岳山，北依蒙古高原。地跨八个省（自治区、直辖市），包括北京、天津两直辖市全部，河北省绝大部分，山西省东部，河南、山东省北部，以及内蒙古自治区和辽宁省各一小部分，总面积为 31.8 万 km^2，其中山丘和高原面积为 18.9 万 km^2，占 60%；平原面积为 12.9 万 km^2，占 40%。全流域共有 31 个地级市，2 个盟，256 个县（区），其中含 35 个县级市，划分为 4 个流域二级区和 15 个三级区，海河流域行政分区和水资源分区面积见表 3.1。

表 3.1　海河流域行政分区和水资源分区面积表　　　　单位: 万 km^2

分区	北京市	天津市	河北省	山西省东部	河南省北部	山东省北部	内蒙古自治区小部	辽宁省小部	合计	所占比例/%
滦河及冀东沿海			4.587				0.695	0.171	5.453	17.1
海河北系	1.458	0.648	3.703	1.940			0.563		8.312	26.1
海河南系	0.222	0.483	8.836	3.973	1.354				14.867	46.7
徒骇马颊河			0.037		0.177	2.971			3.184	10.0

续表

分区	北京市	天津市	河北省	山西省东部	河南省北部	山东省北部	内蒙古自治区小部	辽宁省小部	合计	所占比例/%
海河流域	1.680	1.131	17.162	5.913	1.530	2.971	1.258	0.171	31.816	100.0
所占比例/%	5.3	3.6	53.9	18.6	4.8	9.3	4.0	0.5	100.0	

3.1.1.2 地形地貌

流域内地貌类型多样，北有燕山，西北有军都山，西有五台山、太行山，这些山脉环抱着东部华北平原。燕山、太行山等山区，海拔 100~3000m，地形起伏较大，相对高差 500~2000m，主要为基岩裸露的山地，其次为第四纪松散物质覆盖的盆地。海河平原区由山前洪积冲积平原、中部湖积冲积平原和滨海海积冲积三角洲平原组成。平原的地势，由西南、西、北三个方向向渤海倾斜，海拔 100m以下，除个别地点有基岩出露外，绝大部分为第四纪松散物质覆盖。由于黄河多次改道经海河平原入海，京杭大运河横贯流域东部，以及海河各支流冲积的影响，形成平原上缓岗与坡洼相间分布的复杂地形。

3.1.1.3 河流水系

海河流域包括海河、滦河、徒骇马颊河三大水系。

海河水系各支流分别发源于蒙古高原、黄土高原和燕山、太行山迎风坡，流域面积 23.18 万 km^2，由蓟运河、潮白河、北运河、永定河（以上河系为海河北系）、大清河、子牙河、漳卫南运河、黑龙港水系和海河干流（以上河系为海河南系）组成，汇集到天津入海。20 世纪 60—70 年代，海河流域新开辟了永定新河、潮白新河、独流减河、子牙新河、漳卫新河等入海河道，改变了海河水系各河流汇集天津入海的不利局面。

滦河源于内蒙古坝上高原，经七老图山、阴山东和冀东平原于河北省乐亭县入渤海，流域面积 4.45 万 km^2，是华北地区水量丰沛的河流。此外，还有发源于燕山南麓的冀东沿海诸河，由洋河、陡河等 32 条单独入海的河流组成，流域面积约 1 万 km^2。

徒骇马颊河位于漳卫南运河以南，黄河以北，居海河流域的最南部，由徒骇河、马颊河、德惠新河及滨海小河等平原河道组成，流域面积 3.18 万 km^2。海河流域河道呈扇形分布，具有水系分散、河系复杂、支流众多、过渡带短、源短流急的特点（图 3.1）。

3.1.1.4　土壤与植被

　　海河流域地域辽阔，气候、地貌、植被差异显著，土壤类型多样。流域内主要土壤类型为褐土、潮土和盐碱土。褐土主要分布在太行山及燕山山麓台地及冲积扇地区，冲积扇中下部及广大平原地区主要为潮土，中间有盐化潮土、盐化褐土。据水利部海河水利委员会编写的《海河流域水资源规划专题系列报告》，海河流域主要土类面积统计见表 3.2。

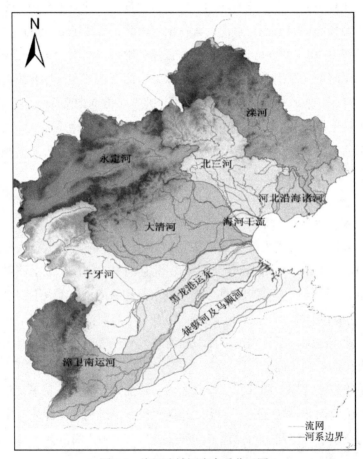

图 3.1　海河流域河流水系分区图

表 3.2　海河流域主要土类面积统计表　　　　　　单位：万 hm^2

土壤类型	山西省	河南省	北京市	河北省	天津市	山东省	合计
褐土	296.59	28.11	98.19	473.66	8.42	—	904.81
潮土	8.12	102.97	58.31	357.77	41.33	146.41	714.91
盐土	2.39	1.32	—	74.25	30.27	74.62	182.86

续表

土壤类型	山西省	河南省	北京市	河北省	天津市	山东省	合计
棕壤	9.86	0.53	7.56	98.04	—	—	115.99
栗钙土	116.53	—	—	260.28	—	—	376.81
草甸土	42.78	0.05	—	11.10	—	—	53.93
水稻土	0.10	0.21	—	0.42	—	—	0.73
风沙土	0.33	1.80	—	—	—	—	2.13
灰色森林土	—	—	—	1.40	—	—	1.40

海河流域作为我国政治、文化中心和经济发达地区，开发历史悠久，绝大部分地区的天然植被遭到破坏。原生植被已消失殆尽，剩余大部分为次生植被。滦河上游内蒙古高原植被较好；滦河中游及潮白河、蓟运河上中游，海拔 100m 以上山地有成片森林，海拔 100m 以下地区则为次生林和灌木草坡，植被较好；下游为燕山丘陵坡水区，河谷开阔，农业发达，但植被较差。永定河、浊漳河上游绝大部分在山西高原，黄土分布广，降水少而集中，除高山地区有少量森林分布外，植被很差。大清河、滹阳河上游地区，地处太行山迎风坡，山高坡陡，广泛分布着山地棕壤和褐土，降水较充沛。原来植被较好，但大部分遭到砍伐破坏。经过封山育林，天然次生植被得到一定恢复。

3.1.2 社会经济概况

海河流域人口密集，大中城市众多，在我国政治、经济中的地位重要。近年来海河流域总人口持续增长，城镇化率不断提高。流域总人口从 1955 年的 5791 万人增加到 2010 年的 1.22 亿人，城镇化率由 1992 年的 15.8%增加到 2010 年的 27.1%。2010 年平均人口密度 377 人/km^2。海河流域人口增长情况见表 3.3。

表 3.3　海河流域人口增长情况

年份	城镇/万人	农村/万人	合计/万人	城镇结构/%	农村结构/%	年增长率/%
1955	1300	5326	6626	19.6	80.4	3.03
1960	1452	6031	7483	19.4	80.6	1.88
1965	1549	6365	7914	19.6	80.4	1.88
1970	1459	7137	8569	17.0	83.0	1.67
1975	1724	7553	9277	18.6	81.4	1.54
1980	2016	7779	9795	20.6	79.4	1.09
1985	2361	8182	10543	22.4	77.6	1.48
1990	2673	8999	11672	22.9	77.1	2.06
1995	3040	9050	12090	25.2	74.8	0.87
2010	3317	8918	12235	27.1	72.9	0.75

海河流域是我国重要的工业基地和高新技术产业基地，工业门类众多，技术水平较高，主要行业有冶金、电力、化工、机械、电子、煤炭等，形成了以京津唐和京广、京沪铁路沿线城市为中心的工业生产布局，在国家经济发展中具有重要战略地位。同时，环渤海经济带已成为继长江三角洲、珠江三角洲后国家经济发展的"第三极"，海河流域在其中占有极为重要的地位。海河流域陆海空交通便利，有以北京为中心枢纽辐射的京广、京山、京九、京沪、京原等铁路干线，天津、秦皇岛、唐山、黄骅等重要海运港口，以京津塘、京沪、京深、京沈高速公路为骨干的公路网。煤炭、石油、天然气、铁矿等自然资源丰富，已探明的矿产资源 90 多种，是我国矿产资源种类较为齐全的地区，其中煤炭储量占全国的 45%。海河流域具有发展经济的技术、人才、资源、地理优势。从中华人民共和国成立初期的 1952 年到 2010 年，国内生产总值 GDP 从 185 亿元增加到 9674 亿元，增长了 52 倍；农业总产值从 204 亿元增加到 1456 亿元，增长了 7.1 倍；工业总产值从 41 亿元增加到 11947 亿元，增长了 289 倍。2010 年，全流域人均 GDP 为 7922 元，比全国平均水平高出约 1650 元，第一、第二、第三产业所占比例分别为 13.6%、50.7%、35.7%，第一产业比例下降，第二、第三产业比例上升，产业结构趋于合理。

海河流域土地、光热资源丰富，适于农作物生长，是我国三大粮食生产基地之一。主要粮食作物有小麦、大麦、玉米、高粱、水稻、豆类等，经济作物以棉花、油料、麻类、甜菜、烟叶为主。全流域耕地面积 16618 万亩，有效灌溉面积 10920 万亩，实际灌溉面积 9941 万亩，占耕地面积的 60%左右。全流域耕地面积变化不大，稳定在 1.6 亿亩左右，粮食产量稳步增加。2010 年，粮食总产量为 5390 万 t，人均粮食占有量为 441kg。20 世纪 90 年代以来，农业生产结构发生变化。在粮食增产的同时，油料、果品、水产品、肉、禽蛋、鲜奶等林牧渔业产品取得了较高的增长幅度，大中城市周边农业转向为城市服务的高附加值农业。海河流域 2010 年经济社会指标统计见表 3.4。

表 3.4　海河流域 2010 年经济社会指标统计

指标		全流域	北京市	天津市	河北省	山西省	山东省	河南省
总人口/万人		12211	1091	905	6440	1077	1479	1147
城镇化率/%		27.1	60.0	57.6	18.6	29.3	17.1	28.0
国内生产总值/亿元		9674	2011	1336	4213	741	720	640
人均 GDP/元/人		7922	18433	14762	6542	6880	4868	5580
经济结构/%	第一产业	13.6	3.9	5.6	13.9	12.4	34.1	17.3
	第二产业	50.7	48.8	56.3	51.8	54.3	39.0	53.8
	第三产业	35.7	47.3	38.1	34.3	33.3	26.9	28.9

指标	全流域	北京市	天津市	河北省	山西省	山东省	河南省
有效灌溉面积/万亩	10920	484	528	6433	643	1914	883
粮食产量/万 t	5390	239	243	2868	417	1117	506
人均粮食/(kg/人)	441	192	232	445	387	755	418

改革开放以来，海河流域城乡居民生活水平有了极大提高，但总的生活水准仍然不高，食品消费支出占全部收入的50%左右，处于由温饱向小康发展的阶段，海河流域2010年主要省份人均收支指标统计见表3.5。

表 3.5　海河流域 2010 年主要省份人均收支情况

地区		全流域	北京市	天津市	河北省	山西省	山东省	河南省
城镇	居民收入/元	45247	57862	46621	34982	34008	35217	34112
	实际支出/元	37064	47091	36029	24988	24029	24773	23946
	恩格尔系数/%	42.7	43.7	46.7	42.0	43.3	41.0	44.6
农村	居民收入/元	3251	24273	24387	13169	12151	13469	12502
	实际支出/元	2099	17392	13041	8283	8575	8855	8070
	恩格尔系数/%	51.1	44.8	50.9	50.3	57.0	53.6	54.6

3.1.3　水文气象概况

海河流域属于温带半湿润、半干旱大陆性季风气候区，冬季受西伯利亚大陆性气团控制，盛行北风和西北风，寒冷少雨雪；春季受蒙古大陆变性气团影响，偏北或偏西北风盛行，气温回升快，蒸发量大，干旱多风沙；夏季受海洋性气团影响，多东南风，气温比较暖、湿，降水量多，但历年该气团的进退时间，影响范围及强度极不一致，因此降水量的变差很大，旱、涝时有发生；秋季为夏、冬的过渡季节，秋高气爽，降水较少。海河流域的降水时空分布很不均匀，呈明显的地带性、季节性和年际差异。夏季暴雨集中，冬春雨雪稀少，具有春旱、秋涝、晚秋又旱的特点。降雨年际变化大，存在连续丰枯的变化规律。流域年平均气温为 10.0℃，年平均相对湿度 50%~70%，年平均无霜期 150~220d，年平均日照时数 2500~3000h。年平均陆面蒸发量 470mm，水面蒸发量 1100mm。年内四季分明，寒暖适中，日照充足，适宜许多植物生长。

海河流域水资源的主要特点是水资源总量少、降水时空分布不均、经常出现连续枯水年和水资源量明显减少。

（1）降水时空分布不均。海河流域多年平均降水量 539mm，其中山区 527mm，平原 556mm。降水地区差异较大，沿燕山、军都山、太行山迎风坡有一条大于 600mm 的多雨带，降水依次沿弧形山脉向两侧减少。永定河上游阳原一带，年降水量约 400mm。河北平原中部晋州一带年降水量为 450~500mm。汛期（6—9 月）降水量占年降水总量的 70%~85%，其中北部地区在 80% 以上，南部地区在 70%~80% 之间。汛期降水又主要集中在 7—8 月的 1~2 个降水过程，容易形成洪涝灾害。春季（3—5 月）降水量只占年降水量约 10%，流域内春旱频繁发生。

（2）经常出现连续枯水年。1949—2000 年中，出现了 1951—1952 年、1980—1981 年、1992—1993 年和 1997—2000 年四个连续枯水年段。局部地区出现连续枯水年的概率更多。天津市 20 世纪 60 年代以后已出现 5 次连续枯水年（1980—1984 年为 5 个连续枯水年）。河北省东部地区也发生过连续 9 年的枯水期（1919—1927 年）。1999—2000 年，潮白河上游和滦河上游再次出现连续干旱年，两年降水量均不足 300mm。潘家口水库 2000 年入库水量创有水文记录以来最低点。天津市遭遇了自 1983 年引滦入津工程通水以来最严重的水资源危机。

（3）水资源总量少。海河流域总体上属于资源型缺水地区。1956—2000 年系列水资源总量 370 亿 m^3。人均总水资源占有量 293m^3，仅为全国平均的 13%，世界平均的 1/27，远低于人均 1000m^3 的国际水资源紧缺标准和 500m^3 极度紧缺标准。在全国各大流域中，海河流域的人均水资源量是最低的(水利部海河水利委员会，2003)。

（4）水资源总量明显减少。20 世纪 80 年代以后，由于人类活动的影响加剧，引起海河流域水文下垫面的重大变化，通过工程措施可以开发利用的水资源量明显减少。地下水位下降，土壤包气带加厚，气候变化，蒸发加剧，是造成产流量减少的主要原因。因降雨产流关系改变，与 20 世纪 50 年代相同的降雨，所产生的地表径流量明显减少。全国第二次水资源规划将 1956—1984 年天然年径流系列延长到 1998 年，并以现状下垫面条件作一致性修正，得到 1956—1998 年新的系列。与原系列相比，新系列多年平均降水量减少 1.6%，地表水资源量减少 17%，地下水资源量减少 9.5%，水资源总量减少 11%，下降幅度居中国六大江河之首（《气候变化国家评估报告》编写委员会，2007）。

3.2 分析方法

3.2.1 变化趋势分析

目前常用的水文气象要素变化趋势分析方法有线性回归、累积距平、滑动平均、二次平滑、三次样条函数，以及 Mann-Kendall 秩次相关检验和 Spearman 秩次相关检验等。尽管在水文气象时间序列中使用非参数检验方法比使用参数检验的方法在非正态分布的数据和检验中更为适合，但是其他参数检验方法也具有方便和简洁易懂的优点。因此，本研究中应用多种方法相结合的途径诊断流域水文气象要素的变化情势。

（1）线性回归法。线性回归法通过建立水文序列 x_i 与相应的时序 i 之间的线性回归方程，进而检验时间序列的趋势性，该方法可以给出时间序列是否具有递增或递减的趋势，并且线性方程的斜率还在一定程度上表征了时间序列的平均趋势变化率，其不足是难以判别序列趋势性变化是否显著，这是目前趋势性分析中最简便的方法，线性回归方程为

$$x_i = ai + b \qquad (3.1)$$

式中：x_i 为时间序列；i 为相应时序；a 为线性方程斜率，表征时间序列的平均趋势变化率；b 为截距。

（2）滑动平均法。滑动平均法可在一定程度上消除序列波动的影响，使得序列变化的趋势性或阶段性更为直观、明显。一般依次对水文序列 α_i 中的 $2k$ 或 $2k+1$ 个连续值取平均，求出新序列 y_i，从而使原序列光滑，新序列一般可表示为

$$y_i = \frac{1}{2k+1} \sum_{i=-k}^{k} \alpha_{t+i} \qquad (3.2)$$

选择适当的 k，可以使原序列高频振荡平均掉，从而使得序列的趋势更加明显。

（3）Spearman 秩次相关检验。Spearman 秩次相关检验主要是通过分析水文序列 x_i 与其时序 i 的相关性而检验水文序列是否具有趋势性。在计算时，水文序列 x_i 用其秩次 R_i(即把序列 x_i 从大到小排列时，x_i 所对应的序号)代表，则秩次相关系数为

$$r = 1 - \frac{6 \cdot \sum\limits_{i=1}^{n} d_i^2}{n^3 - n} \quad (3.3)$$

其中

$$d_i = R_i - i$$

式中：n 为序列长度。

如果秩次 R_i 与时序 i 相近，则 d_i 较小，秩次相关系数较大，趋势性显著。

通常采用 t 检验法检验水文序列的趋势性是否显著，统计量 T 的计算公式为

$$T = r\sqrt{(n-4)/(1-r^2)} \quad (3.4)$$

T 服从自由度为 $n-2$ 的 t 分布，原假设为序列无趋势，则根据水文序列的秩次相关系数计算 T 统计量，然后选择显著水平 α，在 t 分布表中查出临界值 $t_{\alpha/2}$，当 $|T| \geqslant t_{\alpha/2}$ 时，则拒绝原假设，说明序列随时间有相依关系，从而推断序列趋势明显，否则，接受原假设，趋势不显著。

统计量 T 也可以作为水文序列趋势性大小衡量的标度，$|T|$ 越大，则在一定程度上可以说明序列的趋势性变化越显著。

（4）Mann-Kendall 秩次相关检验。对于水文序列 x_i，先确定所有对偶值（x_i，x_j；$j > i$，$i = 1, 2, \ldots, n-1; j = i+1, i+2, \ldots, n$）中的 $x_i < x_j$ 的出现个数 p，对于无趋势的序列，p 的数学期望值为

$$E(p) = \frac{1}{4}n(n-1) \quad (3.5)$$

构建 Mann-Kendall 秩次相关检验的统计量：

$$U = \frac{\tau}{\left[Var(\tau) \right]^{1/2}} \quad (3.6)$$

$$\tau = \frac{4p}{n(n-1)} - 1$$

$$Var(\tau) = \frac{2(2n+5)}{9n(n-1)}$$

式中：n 为序列样本数。

当 n 增加时，U 很快收敛于标准化正态分布。

假定序列无变化趋势，当给定显著水平 α 后，可在正态分布表中查得临界值 $U_{\alpha/2}$，当 $|U| > U_{\alpha/2}$ 时，拒绝假设，即序列的趋势性显著。

与 Spearman 秩次相关检验类似，统计量 U 也可以作为水文序列趋势性大小衡量的标度，$|U|$ 越大，则在一定程度上可以说明序列的趋势性变化越显著。

3.2.2 空间变异型态分析

空间变异型态分析采用 EOF 法，有关该方法的详细介绍请参考第 2 章。由于指纹解释变量变异的比例最大，因此可以通过研究指纹所代表的空间型态来评估变量的空间变异。

3.2.3 周期性分析

流域的降水和气温由于受到气候、地形和下垫面等多种因素的影响，其实际的时间序列中隐含的周期分量往往并非是确定性的周期振动，而是一种瞬时变化的准周期，因此传统的谐波分析方法并不能真实反映时间序列的频谱结构及其随时间的变化。而小波分析作为 Fourier 分析发展史上的一个里程碑式的进展，具有时、频同时局部化的优点，被誉为数学"显微镜"。本研究采用小波变换来对海河流域降水和气温系列进行周期分析。

小波函数是指具有震荡特性、在远离原点处函数值迅速衰减到零的一类函数 $\psi(x)$。

$$\int_R \psi(x)\mathrm{d}x = 0 \qquad (3.7)$$

$\psi(x)$ 也称为基小波或母小波。将母小波经过伸缩和平移可得到小波序列，也称为子小波。

$$\psi_{(a,b)}(x) = \frac{1}{\sqrt{|a|}}\psi\left(\frac{x-b}{a}\right) \qquad (3.8)$$

小波函数 $\psi_{(a,b)}(x)$ 随参数 a 的变化而呈现伸缩变化规律，决定了小波变换能够对函数和信号进行任意指定处的精细结构进行分析。

对任意函数 $f(x)$，其小波变换定义为

$$W_f(a,b) = \int_R f(x)\overline{\psi_{(a,b)}}(x)\mathrm{d}x = \frac{1}{\sqrt{|a|}}\int_R f(x)\overline{\psi}\left(\frac{x-b}{a}\right)\mathrm{d}x \qquad (3.9)$$

式中：$\overline{\psi}(x)$ 为 $\psi(x)$ 的复共轭函数；$W_f(a,b)$ 为小波系数。

在实际应用中，水文参数系列常为等间隔离散形式，因此采用式（3.9）的离散形式：

$$W_f(a,b) = \frac{1}{\sqrt{|a|}}\Delta t\sum_{k=1}^{D} f(k\Delta t)\overline{\psi}\left(\frac{k\Delta t-b}{a}\right) \qquad (3.10)$$

由式（3.10）可以看到，$W_f(a,b)$ 是时间序列 $f(k\Delta t)$ 通过单位脉冲响应的滤

波器的输出，能同时反映时域参数 *b* 和频域参数 *a* 的特性。因此，小波变换实现了窗口大小固定、形状可变的时频局部化。此处选取 Morlet 小波对海河流域近 50 年降水量和气温系列进行周期性分析。

3.3　水文气象要素演变

3.3.1　降水量

在海河流域内选择了 26 个气象站点（图 3.2），基于各站点 1961—2000 年实测数据系列，对其年降水量演变趋势进行了分析，见表 3.6，同时，对海河流域 15 个三级区及全流域的年降水量演变趋势也进行了分析，见表 3.7。其中，各三级区以及全流域的年降水量数据是在各站点数据基础上采用前述距离平方反比结合泰森多边形的空间插值方法得到。

图 3.2　海河流域水文、气象站点分布图

表 3.6　1961—2000 年海河流域 26 个气象站实测年降水量变化趋势

站点名称	纬度/(°)	经度/(°)	U 值	临界值	变化率/(mm/a)	显著性
安阳	36.12	114.36	-0.58	1.96	-2.13	不显著
北京	39.92	116.28	0.21	1.96	2.06	不显著
多伦	42.17	116.45	1.30	1.96	1.14	不显著
济南	36.67	116.98	-0.40	1.96	-2.90	不显著
石家庄	38.02	114.41	-0.07	1.96	-0.94	不显著
张家口	40.77	114.88	-0.07	1.96	-0.41	不显著
保定	38.85	115.5	-1.37	1.96	-2.82	不显著
承德	40.96	117.93	-0.70	1.96	-0.88	不显著
丰宁	41.22	116.63	-0.61	1.96	-0.60	不显著
怀来	40.4	115.5	-1.05	1.96	-1.0	不显著
惠民	37.5	117.53	-1.17	1.96	-3.03	不显著
乐亭	39.42	118.9	-1.28	1.96	-3.39	不显著
青龙	40.4	118.95	-0.84	1.96	-2.55	不显著
莘县	36.03	115.58	*-2.03*	1.96	-4.68	显著
天津	39.1	117.16	-0.65	1.96	-1.65	不显著
唐山	39.66	118.15	-0.54	1.96	-2.69	不显著
围场	41.92	117.75	1.17	1.96	1.41	不显著
五台山	39.02	113.53	*-2.98*	1.96	-7.66	显著
蔚县	39.82	114.56	0.26	1.96	0.19	不显著
郑州	34.71	113.65	-0.86	1.96	-1.73	不显著
原平	38.72	112.7	-0.31	1.96	-1.62	不显著
榆社	37.07	112.98	-1.86	1.96	-4.25	不显著
沧州	38.32	116.83	-0.47	1.96	-1.88	不显著
德州	37.42	116.31	-1.29	1.96	-3.93	不显著
大同	40.1	113.33	0.62	1.96	0.66	不显著
邢台	37.07	114.5	-0.93	1.96	-3.49	不显著

注　对部分存在缺测数据年份的站点（大同、原平、榆社 1994 年缺测，沧州、德州 1995 年缺测），计算变化率时
选取缺测年份以前系列进行计算。U 值为斜体加粗表示变化趋势通过 95%显著性水平检验，下同。

由表 3.6 可以看出，在 1961—2000 年间，海河流域上述 26 个站点中有 21
个站点的年降水量呈减少趋势，其中莘县、五台山两个站点的 Mann-Kendall
统计量分别达到了-2.03 和-2.98，减少趋势通过了 95%显著性水平检验；北京、
多伦、围场、蔚县、大同这 5 个站点的年降水量呈增加趋势，但增加趋势都不
显著。各站平均年降水量减少率为-2.58 mm/a，减少率最大的为五台山站，达
到了-7.66 mm/a。在年降水量略有增加的 5 个站点中，增加率最大的为北京站，
达到了 2.06 mm/a。

表 3.7　海河流域 15 个三级区年降雨量变化趋势

三级区	U 值	临界值	变化率/（mm/a）	显著性
滦河山区	-0.30	-1.96	-0.33	不显著
滦河平原及冀东沿海诸河	-1.58	-1.96	-3.55	不显著
北三河山区	-0.47	-1.96	-0.73	不显著
永定河册田水库以上	-1.19	-1.96	-1.38	不显著
永定河册田水库至三家店区间	-0.72	-1.96	-1.00	不显著
北四河下游平原	-0.65	-1.96	-1.68	不显著
大清河山区	-0.89	-1.96	-2.02	不显著
大清河淀西平原	-0.82	-1.96	-1.74	不显著
大清河淀东平原	-1.17	-1.96	-2.56	不显著
子牙河山区	-1.24	-1.96	-2.06	不显著
子牙河平原	-0.54	-1.96	-2.07	不显著
漳卫河山区	*-2.14*	-1.96	-3.65	显著
漳卫河平原	-1.14	-1.96	-3.18	不显著
黑龙港及运东平原	-1.37	-1.96	-3.86	不显著
徒骇马颊河	-1.28	-1.96	-3.90	不显著
海河流域	-1.35	-1.96	-2.18	不显著

由表 3.7 可以看出，海河流域以及 15 个三级区的年降雨量均呈减少趋势，其中漳卫河山区的减少趋势通过了 95%显著性水平检验。全流域年降雨量减少率为 -2.18 mm/a，各三级区中减少率最大的为徒骇马颊河，达到了-3.90 mm/a。

限于篇幅，此处仅给出了海河流域的年降水量、变化趋势以及对应的 5 年滑动平均过程，如图 3.3 所示。

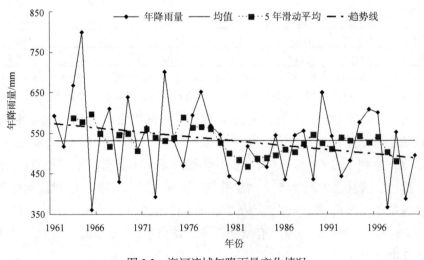

图 3.3　海河流域年降雨量变化情况

对海河流域 15 个三级区的年降水量进行 EOF 分解，KMO 统计量值为 0.8，说明适合进行 EOF 分解；公因子方差比平均值为 0.87，说明 EOF 分解得到的各分量能较好地反映原来 15 个三级区年降水量数据的信息；第一分量（指纹）解释了总方差的 62%，其所反映的海河流域年降水量的空间变异型态如图 3.4 所示；该变异型态随时间的演变如图 3.5 所示。

图 3.4 海河流域年降水量空间变异型态

从图 3.4 可以看出，海河流域年降水量的空间变异型态大概有如下特点：流域东北、西南部分降水变化较大、其余部分变化不是很大，且东北部分呈增加态势、西南部分呈减少态势。该空间变异型态与三级区实测降水量情况不是完全相符，分析原因可能有如下几个方面：首先，指纹只是 EOF 分解的第一分量，不能完全反映变量的空间变异情况；其次，采用的是一般的指纹方法，而没有采用优化的指纹方法，指纹所反映的空间变异型态不一定是最符合实际的情况；另外，三级区实测降水量系列时间比较短，可能不能充分反映降水量的空间变异。从图

3.5 所反映的该空间变异型态随时间的变化来看,海河流域三级区年降水量空间变异型态可能呈 5 年左右的周期变化。

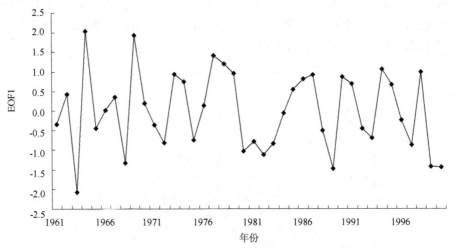

图 3.5 海河流域年降水量空间变异型态随时间的演变

需要说明的是,之所以选择三级区的年降水量为进行 EOF 分解的对象,一方面是为了防止因选择的空间尺度太大而掩盖了变量的空间变异,另一方面是为了防止因选择的空间尺度太小而不能反映变量的空间变异。

3.3.2 平均温度

和年降水量的变化趋势分析类似,基于海河流域内 26 个气象站点 1961—2000 年实测数据系列, 对 26 个气象站点、15 个三级区以及全流域的年平均温度演变趋势进行了分析,见表 3.8 和表 3.9。

表 3.8 1961—2000 年海河流域 26 个气象站年平均气温变化趋势

站点名称	纬度/(°)	经度/(°)	U 值	临界值	变化率/(℃/10a)	显著性
安阳	36.12	114.36	3.61	1.96	0.30	显著
北京	39.92	116.28	4.43	1.96	0.48	显著
多伦	42.17	116.45	4.33	1.96	0.46	显著
济南	36.67	116.98	2.91	1.96	0.27	显著
石家庄	38.02	114.41	3.38	1.96	0.34	显著
张家口	40.77	114.88	5.15	1.96	0.53	显著
保定	38.85	115.5	4.03	1.96	0.36	显著
承德	40.96	117.93	1.14	1.96	0.08	不显著
丰宁	41.22	116.63	4.15	1.96	0.36	显著

站点名称	纬度/(°)	经度/(°)	*U*值	临界值	变化率/(℃/10a)	显著性
怀来	40.4	115.5	4.03	1.96	0.39	显著
惠民	37.5	117.53	2.75	1.96	0.24	显著
乐亭	39.42	118.9	3.17	1.96	0.28	显著
青龙	40.4	118.95	2.96	1.96	0.25	显著
莘县	36.03	115.58	0.33	1.96	0.02	不显著
天津	39.1	117.16	2.35	1.96	0.18	显著
唐山	39.66	118.15	2.80	1.96	0.25	显著
围场	41.92	117.75	3.87	1.96	0.34	显著
五台山	39.02	113.53	3.26	1.96	0.84	显著
蔚县	39.82	114.56	3.31	1.96	0.44	显著
郑州	34.71	113.65	1.35	1.96	0.13	不显著
原平	38.72	112.7	3.89	1.96	0.39	显著
榆社	37.07	112.98	-0.13	1.96	-0.05	不显著
沧州	38.32	116.83	2.80	1.96	0.27	显著
德州	37.42	116.31	3.34	1.96	0.35	显著
大同	40.1	113.33	1.89	1.96	0.21	不显著
邢台	37.07	114.5	5.01	1.96	0.47	显著

注 沧州和德州1995年缺测，这两个站计算采用1995年以前的系列。

由表 3.8 可以看出，上述 26 个站点除榆社站气温有略微减小外，其余站点气温都呈现出增加的趋势，其中 21 个站点的气温增加趋势显著，通过了 95%的显著性水平检验。26 个站点的平均气温变化率达到了 0.32℃/10a，最高的为五台山站，达到了 0.84℃/10a。

表 3.9 1961—2000 年海河流域 15 个三级区年平均温度变化趋势

三级区	U值	临界值	变化率/(℃/10a)	显著性
滦河山区	3.19	1.96	0.32	显著
滦河平原及冀东沿海诸河	3.54	1.96	0.34	显著
北三河山区	3.66	1.96	0.33	显著
永定河册田水库以上	2.77	1.96	0.35	显著
永定河册田水库至三家店区间	2.80	1.96	0.27	显著
北四河下游平原	3.47	1.96	0.34	显著
大清河山区	3.29	1.96	0.35	显著

续表

三级区	U 值	临界值	变化率/（℃/10a）	显著性
大清河淀西平原	3.59	1.96	0.39	显著
大清河淀东平原	3.38	1.96	0.31	显著
子牙河山区	3.52	1.96	0.36	显著
子牙河平原	3.66	1.96	0.37	显著
漳卫河山区	2.47	1.96	0.22	显著
漳卫河平原	2.21	1.96	0.24	显著
黑龙港及运东平原	3.03	1.96	0.27	显著
徒骇马颊河	2.59	1.96	0.23	显著
海河流域	3.15	1.96	0.30	显著

由表 3.9 可以看出，海河流域及 15 个三级区的年平均温度都是增加的，并且都通过了 95%显著性水平检验。全流域的平均增温速率为 0.3℃/10a，增温速率最快的三级区为大清河淀西平原，达到了 0.39℃/10a。

限于篇幅，仅给出了海河流域的年平均温度变化趋势以及对应的 5 年滑动平均过程，如图 3.6 所示。

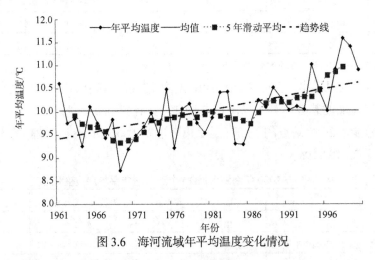

图 3.6　海河流域年平均温度变化情况

对海河流域 15 个三级区的年平均温度进行 EOF 分解，KMO 统计量值为 0.92，说明比较适合进行 EOF 分解；公因子方差比平均值为 0.93，说明 EOF 分解得到的各分量能较好地反映原来 15 个三级区年平均温度数据的信息；第一分量（指纹）解释了总方差的 93%，其所反映的海河流域年平均温度的空间变异型态如图 3.7 所示；该变异型态随时间的演变如图 3.8 所示。

图 3.7　海河流域年平均温度的空间变异型态

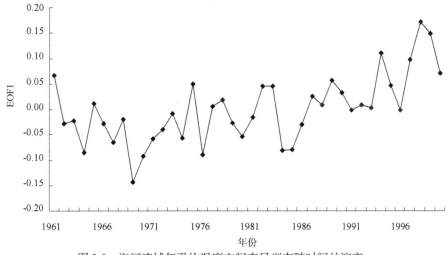

图 3.8　海河流域年平均温度空间变异型态随时间的演变

从图 3.7 可以看出，海河流域年平均温度的空间变异型态的特点为：海河流域北部、东南部的温度升高幅度比流域内其他部分大，这与实际情况较为符合。

从图 3.8 可以看出，年平均温度的这种空间变异型态有进一步发展的趋势，不存在明显的周期性。

3.3.3　地表水资源量

基于选择的海河流域内 8 个水文站点的（见图 3.2）1961—2000 年实测年径流量系列，对其变化趋势进行了分析，并将全系列平均情况与 20 世纪 80 年代前后平均情况进行了对比分析，见表 3.10。基于构建的分布式水文模型 WEP-L（详见第 4 章）可以得到海河流域及 15 个三级区的年地表水资源量，对其演变趋势也进行了分析，见表 3.11。

限于篇幅，图 3.9 仅给出了海河流域的年地表水资源量演变趋势及 5 年滑动平均过程。需要说明的是，此处所指的地表水资源量包括坡面径流量、地下水向河道排泄的基流量和壤中流向河道的排泄量。

表 3.10　海河流域 8 个水文站点实测年径流量变化趋势

站点名称	多年平均径流量/亿 m³			20 世纪 80 年代以来变化距平/%	U 值	临界值	显著性
	全系列（1961 —2000 年）	20 世纪 80 年代以前	20 世纪 80 年代以来				
滦县	32.6	42.0	23.1	−29.0	*−2.21*	−1.96	显著
于桥	6.52	5.08	7.95	22.0	*3.57*	1.96	显著
密云	10.13	12.65	7.62	−24.8	*−2.42*	−1.96	显著
官厅	7.37	10.72	4.02	−45.5	*−5.38*	−1.96	显著
王快	5.57	6.94	4.21	−24.5	*−2.28*	−1.96	显著
西大洋	4.11	5.09	3.12	−24.0	*−2.80*	−1.96	显著
黄壁庄	13.10	18.06	8.13	−37.9	*−4.50*	−1.96	显著
观台	9.52	13.42	5.63	−40.9	*−3.57*	−1.96	显著

从表 3.10 中 8 个站点的实测年径流量变化趋势看，20 世纪 80 年代以后，除于桥站年均径流量显著增加外，其余各站 20 世纪 80 年代以来，年均径流量减少幅度都在 20% 以上，减少最多的是观台站，相比多年平均减少了 40.9%，且减少趋势都通过了 95% 的显著性水平检验。

表 3.11　海河流域 15 个三级区年地表水资源量变化趋势

三级区	U 值	临界值	变化率/（mm/a）	显著性
滦河山区	0.76	−1.96	0.55	不显著
滦河平原及冀东沿海诸河	*−2.92*	−1.96	−2.51	显著
北三河山区	−0.23	−1.96	−0.10	不显著
永定河册田水库以上	*−2.14*	−1.96	−0.59	显著

续表

三级区	U 值	临界值	变化率/（mm/a）	显著性
永定河册田水库至三家店区间	−3.01	−1.96	−0.50	显著
北四河下游平原	−0.52	1.96	−0.66	不显著
大清河山区	−1.54	−1.96	−1.65	不显著
大清河淀西平原	−0.35	−1.96	−0.48	不显著
大清河淀东平原	−0.81	−1.96	−0.42	不显著
子牙河山区	−2.29	−1.96	−1.50	显著
子牙河平原	−0.62	−1.96	−0.62	不显著
漳卫河山区	−2.87	−1.96	−1.73	显著
漳卫河平原	−1.44	−1.96	−1.40	不显著
黑龙港及运东平原	−2.04	−1.96	−0.84	显著
徒骇马颊河	−2.94	−1.96	−2.54	显著
海河流域	−2.14	−1.96	−1.46	显著

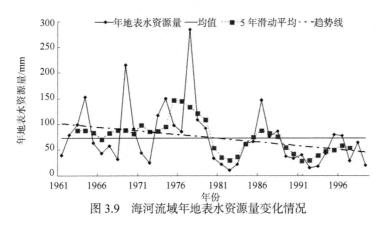

图 3.9 海河流域年地表水资源量变化情况

从表 3.11 可以看出，除滦河山区外，其余 14 个三级区和海河流域的年地表水资源量均呈减少趋势，海河流域的年地表水资源量减少趋势通过了 95%的显著性水平检验，达到了−1.46 mm/a，14 个三级区中减少速率最快的是徒骇马颊河，达到了−2.54 mm/a。

对海河流域 15 个三级区的年地表水资源量进行 EOF 分解，KMO 统计量值为 0.74，说明可以进行 EOF 分解；公因子方差比平均值为 0.78，说明 EOF 分解得到的各分量可以在一定程度上反映原来 15 个三级区年地表水资源量数据的信息；第一分量（指纹）解释了总方差的 45%，其所反映的海河流域年地表水资源量的空间变异型态如图 3.10 所示；该变异型态随时间的演变如图 3.11 所示。

图 3.10　海河流域年地表水资源量的空间变异型态

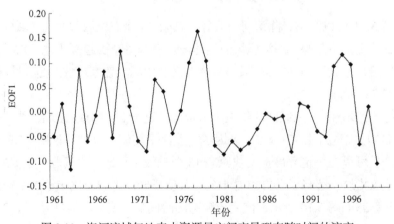

图 3.11　海河流域年地表水资源量空间变异型态随时间的演变

从图 3.10 可以看出，海河流域年地表水资源量的空间变异型态特点为：除海河流域北部地表水资源量略有增加外，其余部分均呈减少趋势。由于指纹只解释了总方差的 45%，其所反映的海河流域年地表水资源量的空间变异型态与实际情况不是完全吻合。从图 3.11 看，年平地表水资源量目前这种空间变异型态的周期性不是很明显。

3.3.4 其他水循环要素

为了对海河流域水文气象要素的演变有一个全方位的认识，基于本研究构建的分布式水文模型，也对海河流域的蒸发、入渗等水循环要素的演变情况进行了分析。

由表 3.12 可以看出，海河流域年蒸发量略呈减少趋势，但没有通过 95%显著性水平检验。海河流域年蒸发量变化趋势以及对应的 5 年滑动平均过程，如图 3.12所示。

表 3.12 1961—2000 年海河流域 15 个三级区年蒸发量变化趋势

三级区	U 值	临界值	显著性
滦河山区	-0.3	1.96	不显著
滦河平原及冀东沿海诸河	-0.74	1.96	不显著
北三河山区	-0.01	1.96	不显著
永定河册田水库以上	-0.23	1.96	不显著
永定河册田水库至三家店区间	-1.03	1.96	不显著
北四河下游平原	-1.15	1.96	不显著
大清河山区	3.91	1.96	显著
大清河淀西平原	0.42	1.96	不显著
大清河淀东平原	4.00	1.96	显著
子牙河山区	1.66	1.96	不显著
子牙河平原	-1.27	1.96	不显著
漳卫河山区	2.14	1.96	显著
漳卫河平原	-2.72	1.96	显著
黑龙港及运东平原	0.47	1.96	不显著
徒骇马颊河	-0.47	1.96	不显著
海河流域	-0.16	1.96	不显著

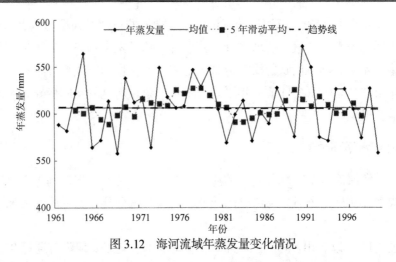

图 3.12 海河流域年蒸发量变化情况

由表 3.13 可以看出，海河流域年入渗量呈减少趋势，但没有通过 95%显著性水平检验。海河流域年入渗量变化趋势以及对应的 5 年滑动平均过程，如图 3.13 所示。

表 3.13 1961—2000 年海河流域 15 个三级区年入渗量变化趋势

三级区	U 值	临界值	显著性
滦河山区	-0.52	1.96	不显著
滦河平原及冀东沿海诸河	1.39	1.96	不显著
北三河山区	-0.38	1.96	不显著
永定河册田水库以上	0.06	1.96	不显著
永定河册田水库至三家店区间	-0.79	1.96	不显著
北四河下游平原	0.18	1.96	不显著
大清河山区	0.45	1.96	不显著
大清河淀西平原	-0.86	1.96	不显著
大清河淀东平原	0.81	1.96	不显著
子牙河山区	-0.25	1.96	不显著
子牙河平原	-0.88	1.96	不显著
漳卫河山区	0.81	1.96	不显著
漳卫河平原	-1.90	1.96	不显著
黑龙港及运东平原	-0.91	1.96	不显著
徒骇马颊河	-0.67	1.96	不显著
海河流域	-0.86	1.96	不显著

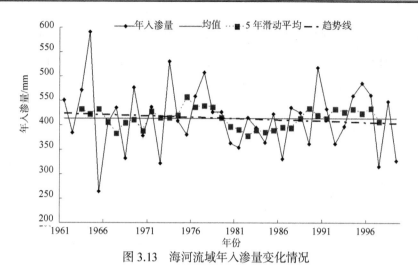

图 3.13　海河流域年入渗量变化情况

3.4　水汽输送变化分析

自 20 世纪 80 年代中期以来，华北地区降水开始出现明显减少趋势。作为影响降水的主要因子水汽，其特征变化已取得了很多研究成果，欧廷海等（2011）研究认为影响海河流域夏季降水的主要环流型式有 4 种：气旋型、反气旋型、南风型和偏东风型，本节主要针对这四种环流型式讨论影响海河流域的水汽输送特征变化，进而从气象气候的角度，探讨水汽输送变化对海河流域降水的可能影响。

3.4.1　基础资料

采用的资料为 NCEP/NCAR 1951—2008 年逐月平均分析格点资料(2.5°×2.5°)和日本气象厅 JRA-25 逐月平均格点资料（1.25°×1.25°），包括比湿 q、纬向风 u、经向风 v 以及地面气压 p_s 等要素。

选取（35°~43°N，112°~120°E）作为海河流域的研究范围，1971—2000 年为多年气候平均时段。

整层大气水汽通量 Q（垂直积分的水汽通量）计算方式如下：

纬向水汽输送通量：

$$Q_u(x,y,t) = -\frac{1}{g}\int_{p_s}^{p} u(x,y,p,t)q(x,y,p,t)\mathrm{d}p \qquad (3.11)$$

经向水汽输送通量：

$$Q_v(x,y,t) = -\frac{1}{g}\int_{p_s}^{p} v(x,y,p,t)q(x,y,p,t)\mathrm{d}p \qquad （3.12）$$

式中：p_s 为地表面气压；p 取值为 300hPa；q 为比湿；g 为重力加速度，取 9.8m/s^2。

定义海河流域东、西、南、北边界的水汽收支：

$$Q_E = \sum_{\varphi_1}^{\varphi_2} Q_u(\lambda_2,y,t) \qquad （3.13）$$

$$Q_W = \sum_{\varphi_1}^{\varphi_2} Q_u(\lambda_1,y,t) \qquad （3.14）$$

$$Q_S = \sum_{\lambda_1}^{\lambda_2} Q_v(x,\varphi_1,t) \qquad （3.15）$$

$$Q_N = \sum_{\lambda_1}^{\lambda_2} Q_v(x,\varphi_2,t) \qquad （3.16）$$

式中：Q_E、Q_W、Q_S、Q_N 分别为海河流域东、西、南、北 4 个边界的水汽收支；λ_1、λ_2、φ_1、φ_2 分别为各边界对应的经度和纬度。

3.4.2 海河流域夏季水汽收支特征

3.4.2.1 海河流域夏季大气中水汽含量

从夏季海河流域上空的平均大气水汽含量时间变化（图 3.14）可以看出，海河流域大气水汽含量存在显著的年代际变化，20 世纪 50 年代到 60 年代中期海河流域水汽丰沛，从 20 世纪 60 年代中期开始，水汽含量逐渐减少，70 年代后期开始持续偏低直至 21 世纪初达到最低值。

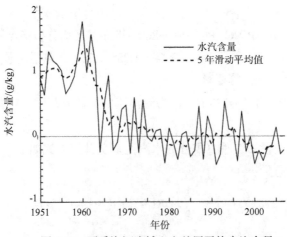

图 3.14 夏季海河流域上空整层平均水汽含量

3.4.2.2 海河流域夏季平均水汽通量的垂直变化

在海河流域水汽通量（纬向和经向）随高度变化的剖面图上，850~700hPa 高度层上，在 39°~ 43°N 范围内海河流域夏季纬向水汽通量表现为一较大的大值中心，并随高度向上缓慢减小，向下递减速度较快。而在海河流域较低层则存在较强的经向水汽通量带，其强度远大于纬向的水汽通量。由此可见，海河流域的空中水汽资源主要来自经向输送，但纬向水汽输送的作用也不可忽视。

3.4.2.3 海河流域夏季水汽收支

定义海河流域纬向净水汽通量为西边界水汽通量减去东边界水汽通量，经向净水汽通量为南边界水汽通量减去北边界水汽通量，也就是说当纬向水汽净通量大于 0 时，西边界的水汽量大于东边界，而当南边界水汽量大于北边界时，经向水汽净通量则大于 0。

图 3.15 显示了海河流域夏季平均水汽净通量的变化趋势，与常年同期相比，20 世纪 50 年代中期到 60 年代中期，海河流域呈现出明显的正距平，说明这段时期海河流域水汽量相当丰沛，水汽收入远远大于支出，但从 20 世纪 60 年代中期到 70 年代后期，海河流域的水汽净通量逐渐减少，20 世纪 80 年代开始至 21 世纪初期，水汽净通量小于 0，表明海河流域水汽的收入已小于水汽的支出，大气中的可降水量减少。21 世纪初，海河流域的净水汽通量又开始呈现出了增加趋势。

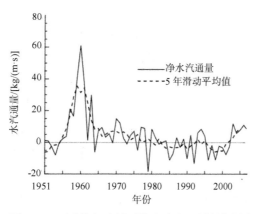

图 3.15 夏季海河流域平均净水汽通量的年际变化

海河流域主要的水汽贡献来自经向输送，在 1951—2008 年期间，平均经向水汽通量占 57%，而纬向水汽通量占-43%（西边界水汽偏小），图 3.16（a）和（b）显示在 20 世纪 50 年代中期到 60 年代中期，经向的水汽通量占海河流域总的水汽通量的 63%，而纬向的水汽通量贡献则为-37%，从 20 世纪 70 年代开始，经向水汽通量减小亦即南边界水汽输入减少，纬向水汽通量相对有所增加（西边界水汽通量略有增大），直至 21 世纪初经向水汽通量才又开始出现了增加趋势。

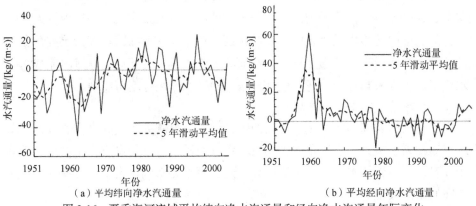

（a）平均纬向净水汽通量　　　　　　　（b）平均经向净水汽通量

图 3.16　夏季海河流域平均纬向净水汽通量和经向净水汽通量年际变化

由此可见，经向水汽输送是海河流域的水汽的主要贡献者，南来的水汽输入更是造成海河流域降水的最重要因素。

3.4.2.4　夏季不同环流型下海河流域水汽输送

根据 Lamb-Jenkinson 客观环流分型法，得到影响海河流域夏季降水的重要的四种大气环流型：反气旋型（Type A）、气旋型（Type C）、东风型（Type E）和南风型（Type S）。这四种环流型中对海河流域降水贡献最大的是气旋型和南风型（见图 3.17）。图 3.17（b）中，海河流域北部地区有一气旋型环流，气旋南部的偏西南气流携带大量水汽输送到海河流域，使海河流域大气中可降水量增加，进而促进降水增加。而南风型时，海河流域则处于强劲的偏南气流之中，南方地区的水汽源源不断地被输入到海河流域，南风型对海河流域水汽输送的贡献比气旋型更大，局部水汽输送量可达 40(g/kg)·m/s，这是影响海河流域降水的最重要的一种环流型，如图 3.17（d）所示。反气旋型和东风型环流对海河流域的水汽贡献比较小，如图 3.17（a）和图 3.17（c）所示。

另外，对海河流域大气环流特征进行深入分析，研究发现，20 世纪 70 年代早期及 20 世纪 60 年代夏季，外来水汽输送到海河流域以及水汽输送散度都相对较大，局地水汽相对充足，影响降水形成的大尺度环流特征如涡度对这段时间的降水影响显著；20 世纪 70 年代后期及以后一段时间，季风减弱，外来水汽输送减弱，局地水汽相对缺乏，外来水汽输送及水汽输送散度（即总可降水）对夏季海河流域降水的影响显著。

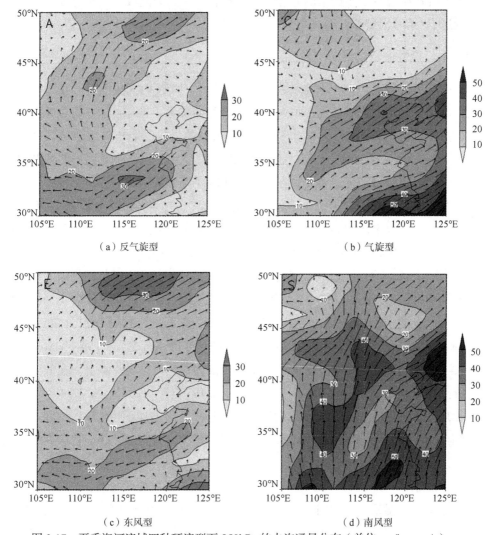

（a）反气旋型　　　　　　　　　　　　　　（b）气旋型

（c）东风型　　　　　　　　　　　　　　（d）南风型

图 3.17　夏季海河流域四种环流型下 850hPa 的水汽通量分布（单位：g/kg · m/s）

3.5　海河流域降水和温度的周期性分析

3.5.1　基础资料

在前述 26 个气象站点 1961—2000 年基础数据的基础上，补充收集了 1956—1960 年、2001—2005 年的数据，构成了 1956—2005 年共 50 年系列。同样采用距离平方反比结合泰森多边形的方法将站点资料展布到全流域，进而统计得到海河流域近 50 年降水量和气温系列。

3.5.2　周期性分析结果

根据小波分析理论，小波系数的实部表示不同特征时间尺度信号在不同时间的强弱和位相两方面的信息，而模（平方）的大小表示特征时间尺度信号的强弱。

由图 3.18（a）可以看到不同时段各时间尺度的强弱变化分布，其年际变化（小于 10 年）和年代际变化（大于 10 年）尺度局部化特征明显。年际变化周期以 2~4 年时间尺度信号最强，主要发生在 1956—1969 年、1971—1975 年、1986—1991 年以及 1995—2003 年，振荡中心分别为 1964 年、1973 年、1989 年以及 1998 年。另外，5~9 年周期在 1994—2004 年期间信号较强。年代际变化周期以 11~14 年为主，主要发生在 1975—2004 年，振荡中心为 1992 年。

由图 3.19（a）可以看到 2 年左右周期对应的位相结构，正负相位以 2 年左右的周期交替变化。同时，13 年对应的周期也比较明显，年降水量分为 4 个偏多期和 4 个偏少期，在 1957—1964 年、1972—1979 年、1987—1996 年以及 2005 年之后等 4 个时段为正相位，表明降水处在偏多期；在 1956 年之前、1965—1971 年、1980—1986 年以及 1997—2004 年等 4 个时段为负相位，表明降水处在偏少期；其突变点分别为 1956 年、1964 年、1972 年、1979 年、1996 年和 2004 年。在年代际尺度上可以看到，2005 年以后海河流域年降水量进入正相位阶段，因此可以推测此后一段时间海河流域年降水将处在偏多期，这与国内一些学者研究结果相吻合。

由图 3.18（b）可以看到不同时段各时间尺度的强弱变化分布，总的来说海河流域年平均气温系列中的周期信号较弱，只有 1956—1961 年的 5~7 年尺度以及 1956—1975 年的 9~15 年尺度较为明显。由图 3.19（b）可以看到 14 年左右周期对应的位相结构，正负相位以 14 年左右的周期交替变化，其中 1956—1957 年、1967—1974 年、1984—1993 年以及 2003—2005 年为负相位，代表气温偏低，而 1958—1966 年、1975—1983 年、1994—2002 年为正相位，代表气温偏高。另外，系列 5 年周期也比较明显。

从图 3.20（a）中可以清楚地看到近 50 年来海河流域年降水量系列的主要周期为 2 年和 13 年（26 年周期并不显著），海河流域年平均气温系列主要周期为 5 年和 14 年。

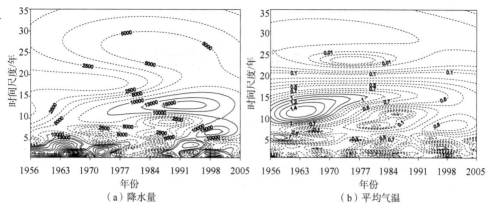

（a）降水量　　　　　　　　　　　　（b）平均气温

图 3.18　海河流域 1956—2005 年降水量、平均气温 Morlet 小波变换系数模平方时频分布

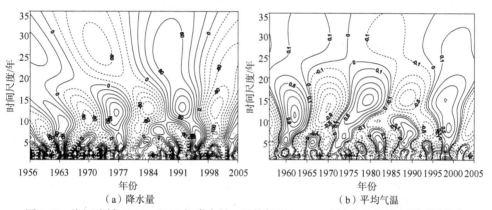

（a）降水量　　　　　　　　　　　　（b）平均气温

图 3.19　海河流域 1956—2005 年降水量、平均气温 Morlet 小波变换系数实部时频分布

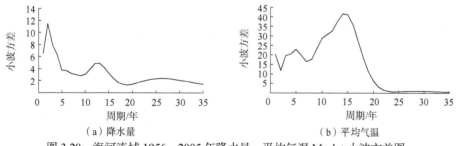

（a）降水量　　　　　　　　　　　　（b）平均气温

图 3.20　海河流域 1956—2005 年降水量、平均气温 Morlet 小波方差图

第4章　海河流域水资源演变的影响因素分析

本章首先从驱动机制的角度分析流域水循环的驱动因子，在此基础上，将分布式水文模型应用到海河流域，采用情景分析的方法对影响海河流域水资源演变的驱动因素进行分析，结合海河流域水资源的历史演变规律，剖析流域水资源演变的可能原因。本章处于承上启下的位置，在第3章水文气象要素演变分析的基础上，从驱动机制的角度，分析流域水资源演变可能的原因，进而为第5章的流域水循环要素演变的归因分析奠定一定的前期工作基础。

4.1　流域水循环驱动因子分析

水循环的驱动因子可以分为自然因素和人工因素两大类。影响水循环的自然因素主要包括降水、气温、日照、风速和相对湿度等气象要素和天然覆被状况等其他因素。人类活动对水循环的影响主要包括两种情况：一种是人类直接干预引起水循环的变化；另一种是人类活动引起的局地变化而导致的整个水循环变化。人工因素主要包括人类活动对流域下垫面的改变和人类对水资源的开发利用。在前述影响因素中，对流域水循环影响较大的驱动因子主要有气候变化、人工取用水和下垫面条件。气候变化影响垂向和水平向水循环的强度，进而引起水循环及水资源时空分布的变化；人工取用水改变了水资源的赋存环境，也改变了地表水和地下水的转化路径，使得蒸发、产流、汇流、入渗、排放等流域水循环特性发生了改变；下垫面条件变化通过改变产汇流条件来影响水资源的演变特性。

4.1.1　气候因子

随着全球人口的增长和科学技术的进步，人类活动已成为气候变化的一个基本要素，如土地利用的改变使得地表反射率、地表温度、蒸发、土壤持水性和径流都发生变化。这些变化又影响到局地的能量和水量平衡，进而影响了气流、云量、温度、降水、地表糙率以及地表的热量和水分平衡，改变了局地甚至全球气候。气候变化直接导致了与水循环有关的降水、蒸发及径流过程的变化。

一般来说，气候变化对水资源的影响可能主要表现在以下三个方面：

（1）加速水汽的循环，改变降雨的强度和历时，进而影响径流的大小，加大洪灾、旱灾的强度与频率，以及诱发其他自然灾害等。

（2）对水资源有关项目规划与管理的影响，包括降雨和径流的变化以及由此产生的海平面上升、土地利用、人口迁移、水资源的供求和水力发电变化等。

（3）加速水分蒸发，改变土壤水分的含量及其渗透速率，由此影响农业、森林、草地、湿地等生态系统的稳定性及其生产量等（Frederick，1997；Miller，1997；Nigel，1998）。

在评估气候变化对水循环要素变化影响的研究中，水文模型也是起着非常重要的作用。

4.1.2　下垫面条件

下垫面条件变化是各种自然要素、气候条件、人为作用等诸多因子共同作用导致的复杂过程。

下垫面条件变化会引起地面空气动力输送过程的一些重要变化，从而引起水量的变化。输送过程一般分为三个阶段：①充分混合的行星边界层到克服空气动力阻力 r_a 的最邻近表面之间的湍流大气输送；②通过叶面边界层克服分子边界层阻力 r_b 的分子扩散；③在叶面或通过叶面本身克服表面的阻力 r_s 的反应或输送。行星边界层内的空气动力输送主要通过湍流涡动扩散进行。由涡动扩散输送的空气动力阻力，可由叶面空气动力糙率特性和风速计算，地表植被覆盖改变了局地的空气动力糙率特性和风速，进而影响水量的变化。高植被（如树木）与矮植被（如草）相比，空气动力糙率要大些，而空气动力输送阻力要小些。

下垫面条件变化引起截留、蒸发等过程的变化，同时也改变了土壤水的利用方式。如蓄水工程建设扩大了地表水面面积，增加了水面蒸发和入渗；城市化建设增加了地表不透水面积，减少了入渗而增加了地表径流。英国水文研究所在威尔斯中部的 Plynlimon 的测验结果表明：森林使萦流增强，森林表面和大气之间的水汽和热量输送的空气动力阻力较低，导致湿润条件下，森林蒸发率高于草地，这种增强了的蒸发率发生在雨期及雨后的潮湿植物叶面。因而森林较草地的截留损失增加，地表径流减少。森林与草地和农作物相比，根系较深，可获得较多的土壤水，导致蒸散发升高，这种情况适合于较干旱的、土壤水亏缺严重的地区。

人类在利用自然并改造自然的活动中，逐渐改变了流域的下垫面条件。大面积的农业活动改变了局地的微地貌和地势，改变了表层土壤结构，改变了地表产流条件，影响了水循环的垂向和水平过程。拦蓄、引水、供水与灌溉等水利工程建设改变了河流的天然形态，影响水的汇流过程。水库的调蓄作用改变了水资源的时空分布，增加了蒸发、入渗等水文要素通量。城市化建设使地面变成了不透水表面，如路面、露天停车场及屋顶，而这些不透水表面阻止了雨水或融雪渗入地下，影响了入渗、蒸发及径流等水文过程。另外，由于不透水表面要比草场、牧场、森林和耕地平滑，使得城市区域的地表径流流速加大。随着径流量的增加、区域内各部分径流汇集到管道及渠道里，因而使区域内不同位置的汇流加快，改变了天然水循环的自然规律（张建云等，2007）。

4.1.3　人工取用水

"取水-输水-用水-排水-回归"的人工取用水过程全面改变了流域水循环的产流特性、汇流特性、蒸散发特性，成为影响水循环的主要驱动力之一。

人工取用水在循环路径和循环特性两个方面改变了天然状态下的流域水循环特征。地表水体开发导致地表水体流量的减少，影响甚至有可能改变了江河湖泊之间的水力联系。地下水的开采改变了饱和带的水位高程，从而影响地下径流的形成和运移。人类对地表水和地下水的开采改变了天然水循环的流向，从天然主循环圈分离出一个侧支循环，地表水的开发减少了河流水量，地下水的开采改变了包气带和含水层的特性，影响了天然地表地下水量交换特性。用水和耗水改变了主循环圈的蒸发和入渗形式，最后通过排水过程将侧支循环回归到主循环圈中。

人工取用水过程产生的蒸发渗漏，改变了天然条件下的地表水和地下水转化路径，给流域水循环过程中各分环节项带来了相应的附加项，从而影响了流域水循环转化过程和要素量。

4.2　海河流域分布式水文模型构建

4.2.1　计算单元划分

流域水循环模拟需要将整个流域划分为大量相对较小的基本单元，需要考虑的因素包括流域水系分布、水资源开发利用情况、重要控制断面分布等。

以流域数字高程模型和天然河网水系为依据进行流域数字河网水系的提取和产汇流分区的生成。本次研究采用来自于美国地质调查局（USGS）EROS 数据中心建立的全球陆地 DEM（也称 GTOPO30）。依据改进的 Pfafstetter 流域编码规则（罗翔宇等，2003）将整个海河流域划分为 3067 个天然子流域单元，每个子流域平均面积约 104.3 km^2，如图 4.1（a）所示。

基本计算单元划分以子流域模拟单元为基础，在山区的子流域模拟单元内部进一步划分等高带，以等高带为基本计算单元。海河流域总计基本计算单元达到 11752 个，如图 4.1（b）所示。

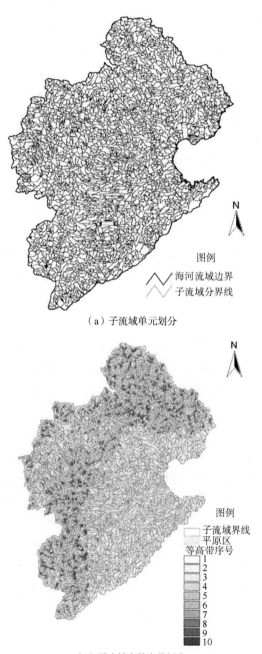

（a）子流域单元划分

（b）子流域套等高带划分

图 4.1 海河流域 WEP-L 模型计算单元划分图

4.2.2　模型率定和验证

4.2.2.1　参数率定

参数不确定性依赖于模型结构，而气候、土壤、土地利用、水文以及地理等空间信息获取的难度增加了这种不确定性。目前，预测模型不确定性最普遍的方法是灵敏度分析。参数灵敏度分析的目的是分析系统参数对模型输出的影响因子，从而衡量参数对物理过程的重要性，对系统参数进行筛选，便于模型校正和参数评估。

模型灵敏度分析是建立、改进、检验以及校正水文模型最有效的方法，其作用主要体现在以下几个方面：①能够鉴别模型中最灵敏的参数，进而简化并促进模型的校正，使未来研究或者现场测试更有针对性；②说明模型对参数值以及边界条件的典型改变的反应是否是现实的；③证明模型的概念十分敏感，能够代表现实自然系统的行为；④将模型缩减到最精炼的结构。灵敏度分析能够增强模型的可信度以及预报功能，因此，灵敏度分析对于模型的校正以及分析是非常必要的。

在模型计算过程中，没有必要也不可能对所有参数都加以考虑，只需通过对敏感性较大的主要参数进行准确评估，而对于敏感性较弱的参数，可以根据资料以及经验粗略得出的取值范围选出，即可用以建立合理可靠的系统模型。

在复杂系统中，灵敏度指标（一般取为一阶灵敏度系数，即系统输出对系统参数的一阶导数）常常无法直接计算得到。常用的简化计算方法是扰动分析法，即对某一系统参数进行微小扰动，同时固定其他参数取值，进行系统计算，得到相应系统输出，然后采用差分计算得到灵敏度大小。灵敏度计算公式为

$$I = \frac{\Delta y / y_0}{\Delta x / x_0} = \frac{(y - y_0)/y_0}{(x - x_0)/x_0} \tag{4.1}$$

式中：I 为灵敏度因子，无量纲，值越大，参数灵敏度越大，反之越小；x_0 为模型参数输入初值；x 为模型参数输入值；y、y_0 为 x、x_0 对应的模型输出值。

WEP-L 模型的参数可分为三类：第一类是地表面及河道系统参数，包括坡面及河道的曼宁糙率、河床材料的覆盖厚度及导水系数、城市土地利用的不透水率及地表洼地最大储留深；第二类是植被参数，包括植被覆盖度、叶面积指数、植被高度、根系深度、最小叶孔阻抗以及地表覆盖的空气动力学参数等；第三类是土壤与含水层参数，包括土壤层厚度、土壤空隙度、土壤入渗湿润峰吸力、饱和土壤导水系数、土壤水分-吸力特征曲线参数、土壤水分-导水系数关系参数、含水层厚度、含水层导水系数等。以上参数均具有物理意义，可根据观测数据和遥感数据进行估算，但由于参数在每个计算单元内仍具有空间变异性，模拟计算时

往往使用其计算单元内平均参数或称为有效参数，因此，一些关键参数需要结合模型检验，根据流量过程线和地下水位的观测结果进行调整。

本研究主要对以上三类参数进行灵敏度分析。模型中的输出项比较多，选取与水资源量有直接关系的分项进行研究，包括河川径流量（地表径流量和地下径流量）、地下水补给量以及蒸发量等，以研究模型不同参数变化对水资源量的影响。根据参数灵敏度因子的相对大小，将参数按高、中、低灵敏度进行区分。高灵敏度参数指灵敏度因子大于 0.1 的参数；中灵敏度参数指灵敏度因子介于 0.01~0.1 之间的参数；而低灵敏度参数指灵敏度因子小于 0.01 的参数。

根据模型计算，可以得出：低灵敏度参数主要包括植被覆盖度、叶面积指数、植被高度、最小叶孔阻抗、空气动力学参数等地表覆盖物参数，同时还包括河道和坡面曼宁糙率、河道形态、土壤初始含水率、田间持水率、地下水初始水位以及土壤饱和导水系数等；中灵敏度参数主要包括植被根系深度、土壤水分-吸力特征曲线参数、土壤入渗湿润峰吸力、土壤水分-导水系数关系参数、地下含水层厚度、含水层的给水度以及渗透系数；而高灵敏度参数主要包括降水、温度、各种土地利用类型的洼地最大储留深、土壤最大含水率、土壤层厚度以及河床材料导水系数等（见表 4.1）。

表 4.1　WEP-L 分布式模型参数相对灵敏度分析表

类别	参数	说明	灵敏度
植被等地表覆盖物参数	植被覆盖度	从 NOAA 影像或者 GMS 影像得到	低
	植被高度	从 NOAA 影像或者 GMS 影像得到	低
	叶面积指数	从 NOAA 影像或者 GMS 影像得到	低
	最小叶孔阻抗	Noilhan and Planton 1989, Dickinson1991	低
	空气动力学参数	Noilhan and Planton 1989, Dickinson1991	低
	根系深度	Dickinson 1991，贾仰文，2001	中
气象	降水	水文站、雨量站、气象站	高
	气温	气象站	高
土壤及其他介质	土壤层厚度	《中国土种志》	高
	土壤最大含水率	调查资料	高
	土壤初始含水率	水分运动实验研究成果	低
	田间持水率		低
	土壤水分-导水系数关系参数		中
	土壤入渗湿润峰吸力		中

续表

类别	参数	说明	灵敏度
土壤及其他介质	土壤饱和导水系数		低
	土壤水分-吸力特征曲线参数		中
地下含水层	厚度	全国水资源综合规划	中
	渗透系数	全国水资源综合规划	中
	地下水初始水位	模型模拟	低
	给水度	全国水资源综合规划	中
地表及河道	曼宁糙率	王国安、李文家《水文设计成果合理性评价》	低
	地表洼地最大储留深	调查、模型调试数据	高
	河床材料导水系数	根据河床材料确定	高
	河道形状	调查数据	低

在灵敏度较高的因子中，降水和温度受气候、区域位置以及区域地理特征等因素的影响，可以根据水文站资料和气象站资料进行确定。土壤层厚度是一个不确定性非常大的因素，在本模型中土壤层厚度根据土壤类型的分布确定，同时根据植被根系深度进行约束。因此本研究中模型参数的率定不考虑降水、气温和土壤层厚度这三个参数，而仅对地表洼地最大储留深、含水层导水系数、土壤最大含水率、河床材料导水系数等四个参数进行率定和优选。

模型参数的率定是指提供给模型研制具有代表性的输入、输出资料，调整参数，确定一组最优化的参数，使模型拟合实测资料最好，达到最优化。参数率定的方法有很多，常用的有人工优选法和自动优选法。自动优选法包括遗传算法、罗森布瑞克法、单纯型法以及 SEC 法等。尽管自动优选法具有不依赖于参数初始值、能够在较短的时间内达到全局最优点、精度较高，以及弥补了工作人员缺乏经验的不足等优点，但是由于其基本思想认为在特定模型结构下只有唯一一组最佳参数与之对应，而由于模型结构的复杂性与数据的不确定性，自动优选法通常不能寻优到模型的唯一真值，并且也无法判断算法是否达到全局最优，不能为深入研究复杂模型提供有效途径，因此它还不能完全替代人工优选方法，需要与人工优选方法结合使用。对于本模型来说，由于模拟的水循环系统庞大，计算时间长，采用自动优选参数速度慢，难以满足计算的要求。因此本研究采用人工优选法进行模型参数的率定。本研究充分借鉴前人成果以及流域水资源综合规划中确定的参数成果，弥补个人在参数选择时的随意性，以增加模拟结果的客观性和可信度，同时又能大大提高计算速度。

4.2.2.2 率定效果评价指标

评价模型模拟效果的好坏，应基于一定的评价指标和评价标准。本研究采用的评价指标主要包括：径流量误差、Nash-Sutcliffe 效率以及模拟流量与实测流量的相关系数。

（1）径流量误差。径流量误差是整个模拟期模拟径流量与实测径流量的差值占实测径流量的百分比的绝对值，径流量误差绝对值越小越好。

$$D_v = \left| \frac{R - F_0}{F_0} \right| \times 100\% \qquad (4.2)$$

式中：D_v 为径流量误差；F_0 为实测流量过程的均值，m^3/s；R 为模拟流量过程的均值，m^3/s。

（2）Nash-Sutcliffe 效率。Nash 与 Sutcliffe 在 1970 年提出了模型效率系数（也称确定性系数）来评价模型模拟结果的精度，它更直观地体现了实测过程与模型模拟过程拟合程度的好坏，具体计算公式为

$$R_m^2 = 1 - \frac{\sum\limits_{i=1}^{n}(Q_i - q_i)^2}{\sum\limits_{i=1}^{n}(q_i - \overline{q})^2} \qquad (4.3)$$

式中：R_m^2 为 Nash-Sutcliffe 效率，在 0~1 之间变化，值越大表示实测与模拟流量过程拟合的越好，模拟精度越高；Q_i 为模型河川月径流量模拟值，m^3/s；q_i 为河川月径流量实测值，m^3/s；$\overline{q}$ 为多年平均河川月径流量实测值，m^3/s。

（3）相关系数。相关系数是对两个变量之间关系的量度，用来考查两个事物之间的关联程度。相关系数的绝对值越大，相关性越强，相关系数越接近于 1 和 −1，相关度越强，相关系数越接近于 0，相关度越弱。

通常情况下，相关系数 0.8~1.0 为极强相关，0.6~0.8 为强相关，0.4~0.6 为中等程度相关，0.2~0.4 为弱相关，0~0.2 为极弱相关或无相关。其计算公式如下：

$$r_{xy} = \frac{n\sum XY - \sum X \sum Y}{\sqrt{[n\sum X^2 - (\sum X)^2][n\sum Y^2 - (\sum Y)^2]}} \qquad (4.4)$$

式中：r_{xy} 为相关系数；N 为系列的样本数；X、Y 分别为实测系列和模拟系列的数值。

模型率定准则主要包括：模拟期年均径流量误差尽可能小、Nash-Sutcliffe 效率系数尽可能大、模拟流量与观测流量的相关系数尽可能大。

4.2.2.3 对河道径流模拟结果的验证

为进行模型验证，在 1956—2005 年共 50 年历史水文气象系列及相应下垫面

条件下进行连续模拟计算。输入数据的处理包括以下几个方面：①河网水系生成、子流域划分及编码、基本计算单元的划定与计算顺序的确定；②降水、温度等气象要素的时空展布；③下垫面要素信息（土地利用、土壤、水文地质、植被、水库、湖泊、灌区、水土保持等）的综合处理；④社会经济要素（人口、GDP、灌溉面积、粮食产量等）和各类取用水信息的时空展布；⑤子流域、计算单元及河道的基本属性统计等。

取 1956—1979 年为模型率定期，主要率定的参数为极端高敏感和高敏感的参数，验证期为 1980—2005 年，主要选取韩家营、承德、滦县、戴营、密云水库、观台、黄壁庄等水文站作为验证站，将各水文站模拟计算的径流过程与实测值进行对比，具体如图 4.2 所示。

从模型模拟结果来看，除了密云水库外，模拟期年均径流量误差均在 10%以内；重要断面月径流量的 Nash-Sutcliffe 效率系数在 0.6 以上；模拟月径流量与观测系列的相关系数达到 0.8 以上。对于人类活动极其强烈的海河流域来说，模拟效果比较满意。

表 4.2　WEP-L 验证结果

水文站	相对误差/%	Nash-Sutcliffe 效率系数	相关系数
韩家营	0.3	0.70	0.85
承德	−5.8	0.72	0.85
滦县	−1.3	0.60	0.86
戴营	−4.0	0.65	0.81
密云水库	11.8	0.79	0.89
观台	3.6	0.81	0.93
黄壁庄	−5.9	0.68	0.83

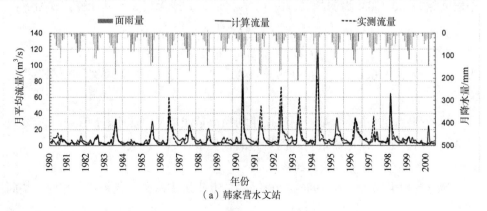

（a）韩家营水文站

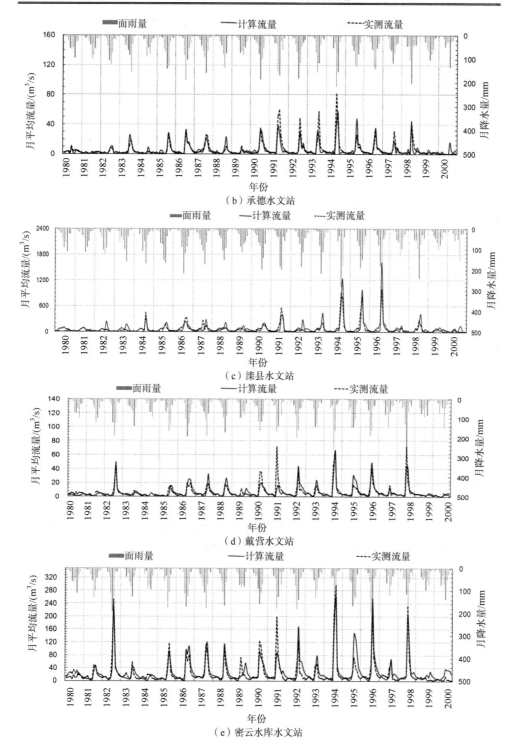

（b）承德水文站

（c）滦县水文站

（d）戴营水文站

（e）密云水库水文站

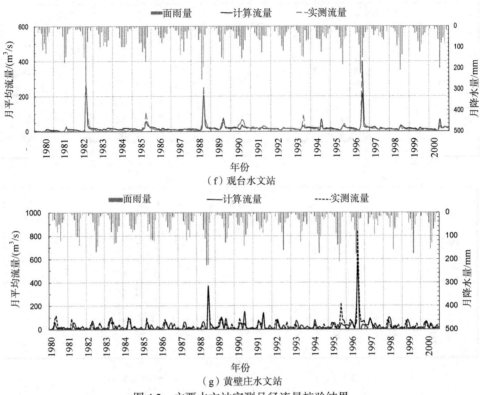

（f）观台水文站

（g）黄壁庄水文站

图 4.2 主要水文站实测月径流量校验结果

4.2.2.4 对水库蓄变量模拟结果的验证

截至 2005 年，海河流域范围内水库的总库容已经达到 315.4 亿 m^3，而 1980 —2000 年流域平均地表水资源量仅为 170.5 亿 m^3，水库对海河流域水循环的影响非常大。选取潘家口、密云、岳城、西大洋四个大型水库作为典型，将 1980—2005 年模拟计算的水库蓄变量过程与实测过程进行对比，具体如图 4.3 所示。可以看出，模拟过程和实测过程基本一致，说明模型能较好地反映水库调度过程。

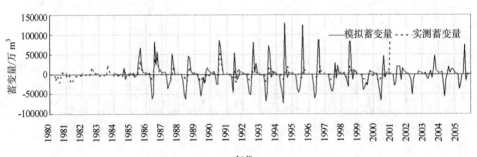

（a）潘家口

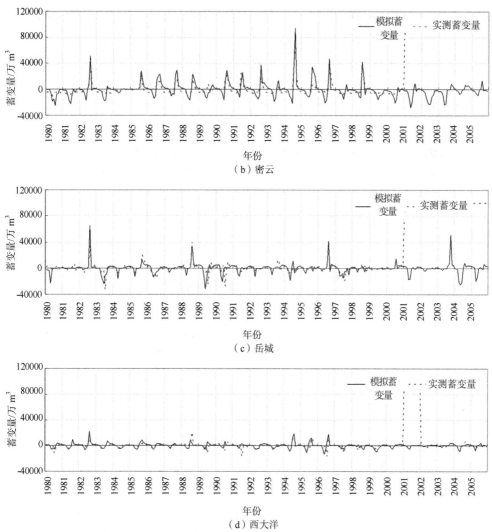

（b）密云

（c）岳城

（d）西大洋

图 4.3 模拟水库蓄变量与实际水库蓄变量比较

4.2.3 模型参数不确定性分析

4.2.3.1 模型参数不确定性分析方法

任何数学模型的模拟结果都与真实系统之间存在着一定的误差，而由于人们对系统认知的有限性，使得误差的大小和分布无法确知，从而造成了模型的不确定性，对系统的认知越少，不确定性就越大。由于模型参数不确定性普遍存在，根据经验估计或者观测值优化得到的参数并不能保证模型应用的精度和预测结果的可靠性（刑可霞，2005）。Reckhow（1994）建议所有的模拟计算都需要进行科学的不确定性评估。随着水文模型的发展，研究者们逐渐认识到水文模型的不确定性是普遍存在和不可避免的，水文模型的不确定性研究也成为水文学研究中的重要方向之一。水文模型的不确定性可以分为三个方面：输入数据的不确定性、模型结构的不确定性和模型参数的不确定性。基于物理过程的分布式水文模型计算当中引入了大量的参数，虽然模型的参数大部分是具有物理意义的，可以根据流域实际情况测量和估算获得，但实际研究工作中受人力和物力限制，无法做到每个参数都进行准确测算。在大流域的水循环模拟中，更涉及参数的尺度转换问题，只能采取率定的方式估算参数，这也带来了模型参数的不确定性问题。

近年来国际上针对水文模型研究中的不确定性问题开展了广泛和深入的研究，取得了很多有价值的成果，主要包括 Beven 等（1992）提出的 GLUE（Generalized Likelihood Uncertainty Estimation）方法、Thiemann 等（2001）提出的 BaRE（Bayesian Recursive Estimation）方法、马尔科夫链蒙特卡罗（Markov Chain Monte Carlo）方法（Kuczera 等，1998）等。国内不同的学者采用灵敏度分析、蒙特卡罗方法以及非参数方法等也开展了相关研究（郭生练等，1995；郝芳华，2004）。本研究采用 GLUE 方法对 WEP-L 模型参数的不确定性进行了初步分析。

GLUE 方法认为模型模拟的好坏不是由单个参数决定的，而是由一组参数来决定，在预设的参数分布空间中，通过随机采样方法确定参数的组合，设定一个判断模拟结果似然程度的似然函数，进行模拟后，根据设定的似然函数限值，选取高于限值的似然值进行归一化处理，确定函数的后验分布，计算响应指标来分析模型参数的不确定性，求出一定置信区间下模型参数的不确定性范围。应用 GLUE 方法进行模型参数不确定性分析主要包括以下几个步骤：

（1）确定模型参数取值空间，对参数进行取样，一般由于模型参数的先验分布难以确定，通常假定参数空间是均匀分布的，采用蒙特卡罗抽样方法。

（2）选择确定模拟值与实测值相似程度的似然函数 L，并确定 L 的限值 TH，一般常用 Nash-Sutcliffe 效率系数作为似然函数：

$$L(\theta_i|Y) = 1 - \frac{\sum_{j}^{n}(Q_{ij} - Q_{oj})^2}{\sum_{j}^{n}(Q_{oj} - Q_o)^2} \tag{4.5}$$

式中：θ_i 是第 i 组参数；Y 为对应参数组 θ_i 的取值；$L(\theta_i|Y)$ 为第 i 组参数的似然值，即 Nash-Sutcliffe 效率系数；Q_{ij} 为第 i 组参数在 j 时刻的模拟结果；Q_{oj} 为 j

时刻的实测值；Q_o 为所有时刻实测值的平均值；n 为时间序列的数目。

L 越大，表示模拟结果和实测值越符合，似然值越大。

（3）进行模型运算，根据似然函数筛选出似然值大于 TH 的 M 组有效参数组。

（4）将 M 组有效参数组在 j 时刻的 M 个流量 $\theta^s(j,r)$（$1 \leqslant r \leqslant M$）赋予权重，权重为相应参数组的似然值，将 $\theta^s(j,r)$ 进行升序排列，计算其累积概率分布：

$$P_r[Q \leqslant Q_i(j,\theta_i)] = \frac{\sum\limits_{k=1}^{i} L(\theta_i|Y)}{\sum\limits_{k=1}^{M} L(\theta_i|Y)} \tag{4.6}$$

式中：i 为排序号；θ_i 为排序在 i 的模拟值对应的参数组；$L(\theta_i|Y)$ 为 θ_i 对应的似然值。

（5）给定置信度 α，找到 $\dfrac{(1-\alpha)}{2} \times 100\%$ 和 $\dfrac{(1+\alpha)}{2} \times 100\%$ 两个分位点，对应的模拟值就是预测下限 $L_{(1-\alpha)/2}$ 和预测上限 $U_{(1+\alpha)/2}$，两者之间就是预测区间。

（6）计算覆盖度 CR（预测区间对观测值的覆盖能力）和区间宽度 IW（预测上下限之差），计算公式分别为

$$CR = \frac{\sum\limits_{j=1}^{N} J(Q_{oj})}{N} \tag{4.7}$$

$$IW = \frac{\sum\limits_{j=1}^{N} [U_{(1+\alpha)/2} - L_{(1-\alpha)/2}]}{N} \tag{4.8}$$

$$J(Q_{oj}) = \begin{cases} 1, & L_{(1-\alpha)/2} < Q_{oj} < U_{(1+\alpha)/2} \\ 0, & 其他 \end{cases} \tag{4.9}$$

式中：N 为实测系列长度。

4.2.3.2 WEP-L 模型参数不确定性分析结果

根据以上步骤，采用 GLUE 方法对 WEP-L 模型参数进行不确定性分析，选用分析的系列为 1991—2000 年观台水文站月平均径流。

（1）确定参数取值空间和取值方法。由于模型参数的先验分布难以确认，而参数的取值空间和取值方法对分析结果有很大影响。本研究中首先对模型进行率定，取率定最优参数组中每个参数的 1/3~3 倍进行蒙特卡罗取样，取样组数为 300组。根据参数敏感度分析结果，选择 4 个具有较高敏感性的参数：土壤饱和水力

传导系数、河床材料透水系数、土层厚度和气孔导度，作为模型不确定性分析的参数。

（2）采用 Nash-Sutcliffe 效率系数作为似然函数。

（3）进行模型运算，对运算结果进行筛选，选出似然函数大于 0.5 的参数组，作为有效参数组。

（4）计算有效参数组对应的模拟结果在每个时刻的累积概率分布，权重为似然函数。

（5）确定每个时刻置信区间为 90% 的 5% 和 95% 分位点，确定该时刻上限、下限和预测区间。

（6）计算预测区间对实测数据的覆盖度 CR 和区间宽度 IW。

经计算，CR 值为 0.90，IW 为 43.3。从模型预测区间对实测数据覆盖度 CR 的结果来看，WEP-L 模型对实测数据的覆盖性更高，达到了 0.90，包含了大部分实测数据。从预测区间的宽度来看，WEP-L 模型对于汛期洪峰的模拟效果较好，但对非汛期基流的模拟效果不确定性较大，预测区间较为平坦。

4.3　海河流域水资源演变规律

4.3.1　水资源历史演变

中华人民共和国成立以来，海河流域人口持续增加，经济社会发生巨大变革。海河流域总人口由 20 世纪 50 年代的不足 6000 万人增加到 2010 年的 1.22 亿人。流域经济呈持续增长趋势，流域 GDP 从 1952 年的 185 亿元增加到 2010 年的 9674 亿元，增长了 50 倍以上。经济发展的同时，产业结构也发生着深刻变化，第一产业（农业）的比重不断下降，而第二、第三产业的比重则不断上升，产业结构趋于合理。

人口和经济的快速增长带来了供水量、用水量及供水、用水结构的变化。从供水量来看，供水量总体呈持续增长的趋势，其中地下水的用水比例呈增加的趋势。从用水结构来看，工业生活用水呈持续增长的趋势，而农业用水受气候条件变化的影响则呈振荡增加的趋势，工业生活用水占总用水量的比例呈增加的趋势，而农业用水占总用水量的比例则呈减少的趋势。

人口和经济的快速增长也相应带来了土地利用的变化，耕地面积增加，城镇用地增加、林地增加，而未利用土地减少。2005 年海河流域的有效灌溉面积与 20

世纪 50 年代相比, 增加了 7 倍多 (见图 4.4)。

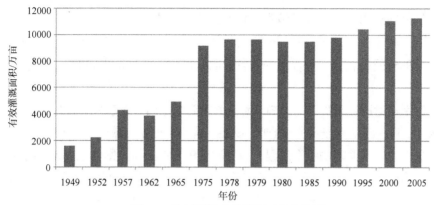

图 4.4 海河流域有效灌溉面积变化图

基于上述构建的海河流域分布式水文模型,对海河流域 1956—2005 年水文过程进行"历史仿真"计算,得到海河流域不同年代的水资源量情况见表 4.3。需要说明的是, 此处水资源量指的是狭义水资源量, 即当地降水形成的地表、地下产水总量 (不包括区外来水量), 包括两部分: 一部分为河川径流量; 另一部分是降雨入渗补给地下水而未通过河川基流排泄的水量, 即地表水与地下水资源之间的不重复水量 (以下简称不重复量)。

表 4.3 海河流域不同年段水资源量

时段	降水量/亿 m^3	地表水资源量/亿 m^3	地下水资源量/亿 m^3		水资源量/亿 m^3
			总量	不重复量	
1960—1969 年	1797.7	345.4	282.1	70.9	416.3
1970—1979 年	1766.6	261.7	286.0	108.9	370.5
1980—1989 年	1550.9	150.6	206.1	130.6	281.3
1990—2005 年	1624.5	164.0	233.0	145.7	309.7
1956—1979 年	1812.8	326.2	284.9	84.7	410.9
1980—2005 年	1596.2	158.9	222.7	139.9	298.7

可以看出, 在海河流域, 受降水量衰减、下垫面变化以及地下水开采逐渐加剧等因素的影响, 海河流域水资源量的主要变化情况为: 1980—2005 年系列与 1956—1979 年系列相比, 地表水资源量从 326.2 亿 m^3 减少到 158.9 亿 m^3, 地下水资源量从 284.9 亿 m^3 减少到 222.7 亿 m^3, 不重复量从 84.7 亿 m^3 增加到 139.9 亿 m^3, 水资源量由 410.7 亿 m^3 减少到 298.7 亿 m^3, 总体呈现衰减的趋势。

4.3.2 气候变化对水资源的影响

基于分布式水文模型采用情景分析的方法研究流域水资源演变规律，因此本章所指的气候变化和第5章归因分析所指的气候变化不同，本节中的气候变化指的是广义的气候变化，是气候系统在各种因素作用下所表征出来的降水和温度的变化情况。

气候因素对流域水资源的影响起到至关重要的作用。不考虑外调水、海水等非常规水源，降水则是流域水资源的唯一来源，降水的变化导致流域水循环输入项的变化，进而影响水循环的整个过程；而气温变化则首先通过影响地表附近的辐射、潜热、显热和热传导，造成能量交换过程发生变化，进而影响蒸发蒸腾过程，而蒸发蒸腾的变化同时引起径流、入渗等水文过程的变化，造成水循环过程和水资源量的变化。气候变化对于流域水资源演变的定量考察，可以在模拟计算中，采用1956—2005年降水系列，现状下垫面、无取用水条件，然后对比不同年段的计算结果，即可获得气候变化对流域水资源演变的定量影响，计算结果见表4.4。

表4.4 海河流域不同年段水资源量

时段	水资源分区	降水量/亿 m³	温度/℃	地表水资源量/亿 m³	地下水资源量/亿 m³		狭义水资源量/亿 m³
					总量	不重复量	
1956—1979年	海河流域	1812.8	9.7	344.9	256.0	86.2	431.2
	滦河及冀东沿海	314.2	7.4	61.9	47.8	7.5	69.4
	海河北系	429.6	8.0	81.0	50.3	16.4	97.3
	海河南系	871.3	10.8	177.1	128.0	46.1	223.2
	徒骇马颊河	197.7	12.4	25.0	29.8	16.2	41.2
1980—2005年	海河流域	1596.2	10.4	240.4	173.9	74.9	315.4
	滦河及冀东沿海	282.5	8.3	50.3	40.8	8.7	59.0
	海河北系	378.0	8.8	58.0	40.0	17.5	75.4
	海河南系	759.7	11.5	115.8	78.9	38.6	154.4
	徒骇马颊河	176.0	12.9	16.4	14.1	10.2	26.6

从表4.4可以看出：海河流域水资源量的变化趋势与降水量的变化趋势基本一致，而受气温的影响，水文要素和水资源要素都呈现不同的衰减特征。1980—2005年系列与1956—1979年系列相比，降水量减少了12.0%，气温则增加7.2%。受降水和气温的共同作用，水资源量减少26.9%。其中，地表水资源量减少30.5%,径流系数略有减少;地下水资源量减少30.3%;不重复量减少13.1%。

4.3.3 人工取用水对流域水资源演变的影响

海河流域作为全国政治、文化中心和经济发达地区，其特殊的政治经济地位和水资源条件形成了一对矛盾体，经济社会对水资源的需求大大超过了流域水资源承载能力，人类活动对流域水循环和水资源的影响较其他流域更加剧烈。在不考虑调入水量和深层地下水开采量的情况下，海河流域水资源开发利用率已经达到了70%以上，是全国水资源开发利用率最高的流域，可见，其社会经济的持续发展是以地表水的过度开发和地下水超采等牺牲生态环境为代价的。因此，在人类活动对水资源演变影响强烈的海河流域，有必要定量评估水资源开发利用对流域水资源演变的影响，为水资源合理开发利用提供依据。

人工取用水对流域水资源演变的定量影响，可以在分布式水文模型模拟中，保持其他输入因子不变（如气象条件、下垫面等），而对有取用水、无取用水情景分别进行模拟计算，然后对比其结果，即可获得人工取用水对流域水资源演变的定量影响。

本研究以1956—2005年气象系列和历史下垫面条件为基础，分别模拟计算了有人工取用水和无人工取用水两种情景下的海河流域水资源系列，具体结果见表4.5。

表 4.5　海河流域有取用水情景和无取用水情景下的水资源量

情景	水资源分区	降水量 /亿 m³	地表水资源量 /亿 m³	地下水资源量/亿 m³		水资源量 /亿 m³
				总量	不重复量	
有人工取用水	海河流域	1700.2	239.2	252.5	113.4	352.6
	滦河及冀东沿海	297.7	52.6	44.4	9.4	62.0
	海河北系	402.7	53.6	55.0	25.6	79.2
	海河南系	813.3	111.4	119.4	64.1	175.5
	徒骇马颊河	186.4	21.6	33.8	14.3	35.9
无人工取用水	海河流域	1700.2	295.2	219.5	80.4	375.5
	滦河及冀东沿海	297.7	57.0	45.3	8.1	65.0
	海河北系	402.7	70.4	46.5	17.0	87.4
	海河南系	813.3	146.3	104.3	41.6	187.8
	徒骇马颊河	186.4	21.6	23.4	13.7	35.2

根据模拟结果，从表4.5可以看出，人工取用水对海河流域水资源量的影响主要包括以下几个方面：

（1）地表水资源量减少 56.0 亿 m³。究其主要原因，一方面，人类活动影响下的取水方式改变了地表水和地下水的储存条件以及地表水和地下水的水力交换方式，尤其是地下水的大量开采使得地下水水位降低，地下水向河流的排泄量减少，相应河道对地下水的补给量增加，在枯水期，河流则由于得不到地下水的补给而发生断流；另一方面，人类的取用水方式改变了地表径流的产水条件，造成坡面径流减少。

（2）地下水资源量增加 33.0 亿 m³。浅层地下水与地表水具有较强烈的水力联系，受人类活动的影响，其补给来源除了天然补给外，如降水补给和河道补给，还增加了一项人工补给，如田间灌溉补给、渠系渗漏补给以及水库渗漏补给等。人类活动的取用水影响了地下水的补给条件，人工开采地下水影响了地下水水位，当地下水水位埋深较浅时，补给量随着水位埋深增加而增加，当地下水水位埋深超过某一临界值时，补给系数接近零。人类活动的取用水还增加了地下水的补给源项，同时又使天然补给和人工补给量相互影响。20 世纪 80年代以前，地下水的开采量较小，地下水的开采有利于降水入渗补给地下水，随着地下水开采量的增加，使得局部地下水水位下降，切断了地表水和地下水的水力联系，使得降水入渗补给地下水量减少，在河北省尤其严重。随着灌溉用水量的增加，人工补给地下水量增加。在人工补给量和天然补给量的相互影响下，地下水资源量增加。

（3）不重复量增加 33.0 亿 m³。不重复量受地下水补给量和排泄量的影响，补给量除受岩性、降水量、地形地貌、植被等因素的影响外，还受地下水埋深的影响，人工开采地下水影响了地下水水位，改变了地下水的补给量，人工开采地下水同时也改变了地下水的排泄方式，袭夺了潜水蒸发以及河川基流量，使得不重复量增加。

4.3.4　下垫面变化对流域水资源演变的影响

下垫面对于流域水资源演变的定量影响，可以在分布式水文模型模拟中，保持其他输入因子不变（如气象、用水等），而对不同时期下垫面情景分别进行模拟计算，然后对比其结果，即可获得下垫面对流域水资源演变的定量影响。

本研究以 1956—2005 年气象系列和无人工取用水条件为基础，分别模拟历史下垫面和现状下垫面两种情景下的海河流域水资源量系列情况，具体结果见表 4.6。

表 4.6　海河流域现状下垫面和历史下垫面的狭义水资源量

情景	水资源分区	降水量/亿 m³	地表水资源量/亿 m³	地下水资源量/亿 m³		狭义水资源量/亿 m³
				总量	不重复量	
现状下垫面	海河流域	1700.2	290.6	213.7	80.4	371.0
	滦河及冀东沿海	297.7	55.9	44.2	8.1	64.0
	海河北系	402.7	69.0	45.0	17.0	86.0
	海河南系	813.3	145.2	102.5	42.2	187.4
	徒骇马颊河	186.4	20.5	21.7	13.0	33.5
历史下垫面	海河流域	1700.2	295.2	219.9	80.4	375.6
	滦河及冀东沿海	297.7	57.0	45.3	8.1	65.0
	海河北系	402.7	70.4	46.5	17.0	87.4
	海河南系	813.3	146.3	104.3	41.6	187.8
	徒骇马颊河	186.4	21.6	23.4	13.7	35.2

现状下垫面与历史下垫面相比,主要变化是:由于海河流域的人口快速增加、社会经济不断发展,农业活动、水利工程建设、水土保持和城市化建设等人类活动日益增强,导致城镇用地增加,耕地面积增加,有效灌溉面积增加,林地增加,而未利用土地减少,受降水和人类活动的共同影响,水面面积有所减少。

农田和林地面积的增加使得地表植被的覆盖度增加,增加了地表的截留、叶面蒸散发以及植被的蒸腾量,同时改变了降水的入渗条件,相应减少了地表径流和地下径流量,增加了生态系统对于降水的有效利用量;不同植被覆盖度、叶面积指数、植被深度不同,对水循环过程的影响也不尽相同。另外城镇化率的提高导致不透水面积大幅度增加,从而减少了地表截留和入渗,使得地表径流增加,而地下径流减少。土地利用和植被变化的综合作用,影响了流域地表、地下产水量,导致入渗、径流、蒸散发等水平衡要素的变化,进而改变了水资源量的构成。

从表 4.6 中可以看出,由于不同土地利用对水循环过程相互影响,导致地表水资源量减少 4.6 亿 m³,地下水资源量减少 6.2 亿 m³。

4.4　海河流域水资源演变成果合理性分析

从本章海河流域水资源演变的影响因素分析结果来看,1980—2005 年系列与 1956—1979 年系列相比:

（1）仅考虑气候变化影响的情况下,降水量减少 12.0%,气温增加 7.2%,二者共同作用导致水资源量减少了 26.9%,地表水资源量减少了 30.5%。

（2）仅考虑人工取用水影响的情况下，海河流域水资源量减少 6.1%，地表水资源量减少了 19.0%。

（3）仅考虑下垫面变化影响的情况下，海河流域水资源量减少 1.2%，地表水资源量减少了 1.6%。

（4）而在前述影响因素共同作用下，海河流域水资源量减少了 37.5%，地表水资源量减少了 105%。

实际上，基于 3.4 节海河流域水汽输送的变化分析，20 世纪 70 年代后期以来，海河流域水汽输送减弱，局地水汽相对缺乏，导致流域降水量减少；受全球气候变暖大背景的影响，海河流域温度也有所增加；20 世纪 50 年代以来，海河流域人工取用水有了很大的增加，从 50 年代的 50 亿 m^3 增加到 90 年代的 400 亿 m^3，随着取用水的增加，蒸发量也同时增加，导致了径流量和水资源量的不断衰减；20 世纪 80 年代以来，海河流域土地利用状况也有了很大改变，现状情况下的城乡居民用地面积有了较大幅度地增加，而旱地、林地、草地面积则有不同程度地减少，土地利用结构的改变也很可能对海河流域地表水资源量的减少有着一定地影响。因此，本章海河流域水资源演变成果是合理的。

第5章 海河流域水循环要素演变的归因分析

本章是变化环境下流域水资源演变归因方法的应用，也是本书的核心部分，在将变化环境下流域水资源演变的归因方法应用到海河流域的基础上，通过设置不同的归因情景，对海河流域 1961—2000 年的 40 年降水、温度、径流等水循环要素的演变进行了归因分析，共分五节。5.1 节对归因分析所设置的各情景进行了介绍；5.2 节简单介绍了所选用的全球气候模式及相应的强迫试验；5.3 节介绍了统计降尺度模式 SDSM 在海河流域的应用情况；5.4 节和 5.5 节分别对降水量、平均温度以及地表水资源量的变化进行归因分析。需要说明的是，由于全球气候模式三个强迫试验的模拟系列只到 1999 年或 2000 年，因此，用于进行归因分析的海河流域水循环要素演变系列也只选用了 2000 年之前的系列；受地下水资源监测数据所限，加之地下水资源量的影响因素众多，本研究只是选择了地表水资源量而暂未对地下水资源量的演变进行归因分析。

5.1 归因情景设置

为了研究不同环境条件下的水资源情况，需要提供相应条件下的降水和温度数据作为分布式水文模型的输入，因此在对变化环境下流域水资源演变进行归因的同时，也对降水、温度的演变进行了归因分析。不同环境条件下的降水和温度主要通过全球气候模式的不同强迫试验得到，而不同环境条件下的地表水资源量则主要通过分布式水文模型 WEP-L 得到。在设置归因情景时也将降雨、温度演变的归因情景与地表水资源量演变的归因情景相应的区分开来。

需要说明的是，由于分布式水文模型 WEP-L 不仅能较好的模拟自然水循环，而且还能模拟由于取用耗排水引起的人工侧支水循环和下垫面变化等人类活动对水资源的影响。可以认为，在对模型进行较好的率定和验证后，分布式水文模型 WEP-L 可以用来进行不同情景下的水循环模拟。

5.1.1 降水和温度演变的归因情景

影响降水和温度演变的因素有许多种，本研究中考虑气候系统的自然变异、温室气体排放导致的全球变暖以及太阳活动和火山爆发三个因素的影响，对降水和温度演变的归因分别设置以下三个情景。

情景 1：仅考虑气候系统自然变异的影响，采用气候模式提供的气候系统自然变异下的降水和温度数据。

情景 2：仅考虑温室气体排放导致的全球变暖的影响，采用气候模式提供的温室气体排放情景下的降水和温度数据。

情景 3：仅考虑太阳活动和火山爆发的影响，采用气候模式提供的太阳活动和火山爆发情景下的降水和温度数据。

在上述三个情景中，基于气候模式的不同强迫试验提供的原始降水和温度数据，通过统计降尺度模型将其进行降尺度至流域站点后，再利用距离平方反比结合泰森多边形法插值至水文模型计算单元，得出不同空间尺度（如水资源三级区、二级区）的降水和温度，进而计算相应的指纹和信号强度，进行归因分析。

在情景 1、情景 2 和情景 3 三个情景下，海河流域 1961—2000 年的降水和温度系列与历史实际的降水量和温度系列对比情况分别如图 5.1 和图 5.2 所示。

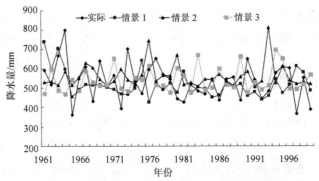

图 5.1　不同情景下海河流域降水量系列对比图

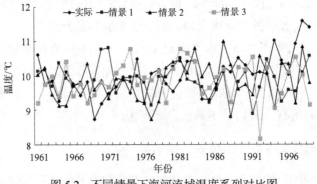

图 5.2　不同情景下海河流域温度系列对比图

从图 5.1 和图 5.2 可以看出,相对海河流域历史实际情况,三个情景下的海河流域年平均降水量变化情况为:情景 1 下减少了 2.7%,情景 2 下增加了 5.3%,情景 3 下增加了 1.3%;三个情景下的海河流域年平均温度分别减少了 0.15℃、0.13℃和 0.15℃。

5.1.2 地表水资源量演变的归因情景

影响地表水资源量演变的因素较多,不仅有其自身演变规律的影响,还有气候变化、人类活动以及其他未知和不确定性因素的影响。本研究中考虑了气候系统的自然变异、温室气体排放导致的全球变暖、人工取用水以及下垫面变化四个因素的影响,同时,为了更深入地研究区域人类活动对地表水资源量的影响,将人工取用水和下垫面变化组合作为一个因素进行考虑,因此设置了以下五个相应的情景。

情景 1:仅考虑气候系统自然变异的影响,采用气候模式提供的自然变异情景下的降水和温度系列数据,经统计降尺度和空间插值后,作为分布式水文模型的输入。同时,分布式水文模型中不考虑人工取用水和下垫面变化的情况,选用20 世纪 80 年代的下垫面(见表 5.1)作为初始下垫面条件(由于 20 世纪 50 年代、60 年代的下垫面资料难以获取)。

情景 2:仅考虑温室气体排放导致的全球变暖的影响,采用气候模式提供的温室气体排放情景下的降水和温度系列数据,经统计降尺度和空间插值后,作为分布式水文模型的输入。同时,水文模型中不考虑人工取用水和下垫面变化的情况,选用 20 世纪 80 年代的下垫面作为初始下垫面条件。

情景 3:仅考虑人工取用水的影响,采用海河流域水资源综合规划现状的用水数据,通过时空展布(Jia 等,2008)进行尺度转换后,作为分布式水文模型的输入。同时,水文模型中的降水和温度数据采用气候系统自然变异情景下的系列数据,下垫面为 20 世纪 80 年代的初始下垫面条件。

情景 4:仅考虑下垫面变化的影响,采用海河流域现状的下垫面数据,经 GIS处理后,作为分布式水文模型的输入。同时,水文模型中不考虑人工取用水,降水和温度数据采用自然变异情景下的系列数据。

情景 5:仅考虑流域人类活动的影响,即人工取用水和下垫面变化的组合,水文模型中降水和温度数据采用气候系统自然变异情景下的系列数据,同时,选用海河流域现状的取用水和下垫面条件。

基于上述情景设置的水文模型计算条件,可以得到相应情景下不同空间尺度如三级区的地表水资源量,进而计算得到相应的指纹和信号强度,进行归因分析。

海河流域 1961—2000 年的人工取用水变化情况以及 20 世纪 80 年代相对现状的下垫面变化情况如图 5.3~图 5.5 所示。

表 5.1　20 世纪 80 年代与 2000 年各种土地利用类型面积对比

土地利用类型		20 世纪 80 年代面积/km²	2000 年面积/km²	2000 年相对20 世纪 80 年代变化量/km²	2000 年相对20 世纪 80 年代变化比例/%
耕地	水田	6330.0	6330.0	0	0
	旱地	156928.0	153875.4	−3052.6	−1.95
	总计	163258.0	160205.4	−3052.6	−1.87
林地	有林地	28874.0	28668.2	−205.8	−0.71
	灌木地	24074.2	23871.3	−202.9	−0.84
	疏林地	6280.7	6182.1	−98.6	−1.57
	其他林地	1632.8	1929.5	296.7	18.17
	总计	60861.7	60651.1	−210.6	−0.35
草地	高覆盖度草地	30728.0	30526.7	−201.3	−0.66
	中覆盖度草地	19872.4	19667.7	−204.7	−1.03
	低覆盖度草地	11224.6	11166.3	−58.3	−0.52
	总计	61825.0	61360.7	−464.3	−0.75
水域	河渠	1864.6	1828.3	−36.3	−1.95
	湖泊	33.2	91.5	58.3	175.52
	水库	2176.3	2684.7	508.4	23.36
	滩涂、冰川雪地	56.1	42.3	−13.8	−24.58
	滩地	3159.3	2960.6	−198.7	−6.29
	总计	7289.5	7607.4	317.9	4.36
城乡居民用地	城镇用地	2997.9	4711.0	1713.1	57.14
	农村居民用地	16598.1	18024.3	1426.2	8.59
	其他建设用地	2270.9	2919.2	648.3	28.55
	总计	21866.9	25654.5	3787.6	17.32
未利用土地	沙地、戈壁	976.8	1116.3	139.5	14.28
	盐碱地	1318.9	1261.3	−57.6	−4.37
	沼泽地	1196.3	1058.7	−137.6	−11.51
	裸土地	76.5	76.6	0.1	0.06
	裸岩石砾地	109.4	109.2	−0.2	−0.15
	其他	468.7	206.3	−262.4	−55.98
	总计	4146.6	3828.4	−318.2	−7.67

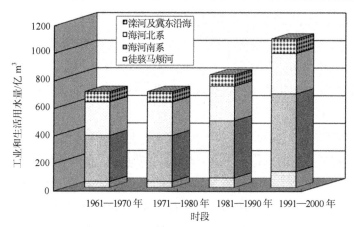

图 5.3 海河流域工业和生活用水量年际变化图

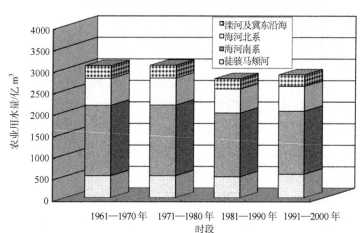

图 5.4 海河流域农业用水量年际变化图

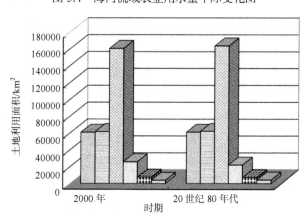

图 5.5 海河流域不同时期土地利用面积对比图

从图 5.3 和图 5.4 可以看出，在 20 世纪 60 年代和 70 年代，海河流域的工业和生活用水量以及农业用水量变化很小，但到了 80 年代和 90 年代，随着经济社会的飞速发展和生活水平的不断提高，工业和生活用水量分别增加了 17.7% 和 55.3%，农业用水量则由于进行了种植结构调整和大力推广节水灌溉等因素的影响而分别减少了 10.1% 和 7.1%。

从图 5.5 可以看出，相对于 20 世纪 80 年代的土地利用情况，海河流域现状的土地利用情况有了一定的变化，旱地、林地、草地以及未利用土地所占流域面积比例分别减少了 1.95%、0.35%、0.75% 和 7.67%，城乡居民用地和水域所占流域面积比例则分别增加了 17.32% 和 4.36%。有关 80 年代与 2000 年各种土地利用类型面积详细的对比情况见表 5.1。

5.2　全球气候模型

本研究选用的全球气候模型为 PCM（Parallel Climate Model）（Washington，2000），由于该模型能较好地模拟实际气候情景以及气候的自然变异情况，目前已经被广泛应用于水文研究中（Barnett 等，2008）。本研究分别选用 PCM 的三个强迫试验来反映自然变异、温室气体排放、太阳活动和火山爆发情景下的降水和温度情况。

其中，强迫试验 B07.20 用来模拟自然变异情景下的降水和温度，该试验的运行条件为：大气、海洋、海冰、地表等过程都是激活可用的，除太阳活动采用 1367 年的固定条件外，不包含其他任何外部驱动因素，模拟时间为 1890—1999 年。

强迫试验 B06.22 用来模拟温室气体排放情景下的降水和温度，该试验的运行条件为：大气、海洋、海冰、地表等过程都是激活可用的，驱动因素包括温室气体排放以及硫酸盐和气溶胶，模拟时间为 1870—1999 年。

强迫试验 B06.69 用来模拟太阳活动和火山爆发情景下的降水和温度，该试验的运行条件为：大气、海洋、海冰、地表等过程都是激活可用的，驱动因素包括太阳活动和火山爆发，温室气体、硫酸盐和气溶胶情景固定在 1890 年水平，模拟时间为 1890—2000 年。

有关 PCM 及上述强迫试验的详细信息可以从如下网址获取：http://www.earthsystemgrid.org/.

5.3 统计降尺度模型 SDSM 的应用

统计降尺度模型 SDSM 的原理是首先在大尺度气候因子（预报因子）和局地变量（预报量）之间建立一种定量的统计函数关系，然后基于此统计关系和不同情景下的预报因子来进行降尺度。有关模型的原理部分请参考第 2 章。

5.3.1 数据来源

SDSM 模型中待选择的预报因子来自美国环境预报中心（NCEP）和国家大气研究中心（NCAR）联合推出的再分析日资料（简称 NCEP），共包括 23 个变量，包括 500hPa、850hPa、近地表面的风速、涡度、散度、位势高度、相对湿度、平均海平面气压以及 2m 处大气温度等。这些变量的数据资料可以直接从如下网站获取：http://www.cics.uvic.ca/scenarios/sdsm/select.cgi.

在海河流域内选择了 26 个气象站点，其 1961—2000 年实测的日降雨和温度资料由国家气象局提供，作为降尺度模型的预报量对 SDSM 模型进行率定和验证。

5.3.2 SDSM 模型率定和验证

将每个气象站点的降雨和温度作为预报量，计算流域内的预报因子与各站点预报量的相关系数，将相关系数通过95%显著性水平检验的作为该站点该预报量的预报因子。

基于选择的预报因子以及各站点实测资料和 NCEP 再分析资料，选择 1961—1990 年为模型率定期，1991—2000 年为模型验证期，分站点对模型进行率定和验证。结果表明，在模型的验证期，各个站点降雨和温度的降尺度结果比较令人满意，通过对比各个站点降尺度系列和实测系列（1961—2000 年）的均值、最大值、最小值、百分位数、最大五天值的总和等统计指标，二者吻合较好。限于篇幅，仅以北京站为例列出降水和温度降尺度结果和实测系列的上述统计指标的对比情况，如图 5.6 和图 5.7 所示。

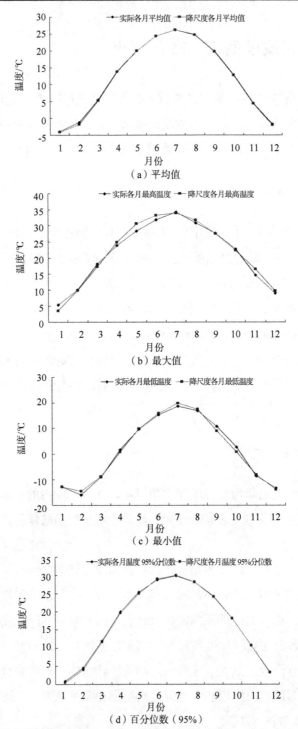

图 5.6　北京站月平均温度 SDSM 降尺度结果与实测（1961—2000 年）统计指标对比图

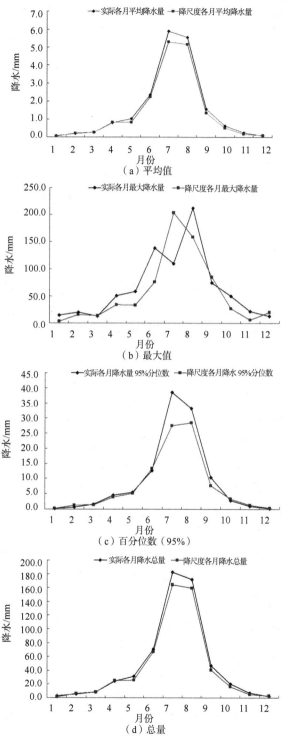

（a）平均值

（b）最大值

（c）百分位数（95%）

（d）总量

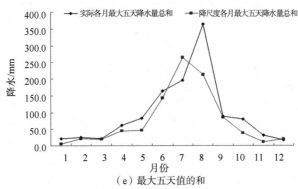

（e）最大五天值的和

图 5.7　北京站月平均降水 SDSM 降尺度结果与实测（1961—2000 年）统计指标对比图

5.4　降水和温度演变的归因分析

基于海河流域 15 个三级区的年降水量和年平均温度，可以求得二者变化的指纹（见 2.5.1 节），进而计算得出年降水量和年平均温度实际变化的信号强度。根据前述设置的归因情景，分别计算不同情景下海河流域年降水量和年平均温度变化的信号强度。

5.4.1　降水演变的归因分析

对气候系统的自然变异、温室气体排放导致的全球变暖、太阳活动和火山爆发三个情景下的海河流域 15 个三级区年降水量进行 EOF 分解，KMO 统计量值分别为 0.8、0.7、0.7，说明基本适合进行 EOF 分解；公因子方差比平均值分别为 0.76、0.89、0.85，说明 EOF 分解得到的各分量能在一定程度上反映各情景下的降水空间变异情况，指纹解释总方差的比例分别为 56%、63%、58%；各情景下年降水量变化的指纹如图 5.8 所示。

从图 5.8 看，不同情景以及实际情况下海河流域年降水量的空间变异型态是不同的，各个型态下降水变化较大的区域都有所不同。

基于各情景下年降水量变化的指纹，分别计算相应的信号强度，如图 5.9 所示。

从图 5.9 可以看出，在温室气体排放、太阳活动和火山爆发两个情景下，年降水量变化的信号强度与实际降水量变化的信号强度的符号是相反的，因此二者不是导致海河流域过去 40 年降水量变化的因素。而在气候系统自然变异情景下，年降水量变化的信号强度则与实际是一致的，并且比实际降水量变化的信号强度更强。因此，认为气候系统的自然变异是导致海河流域过去 40 年降水变化的主要原因。

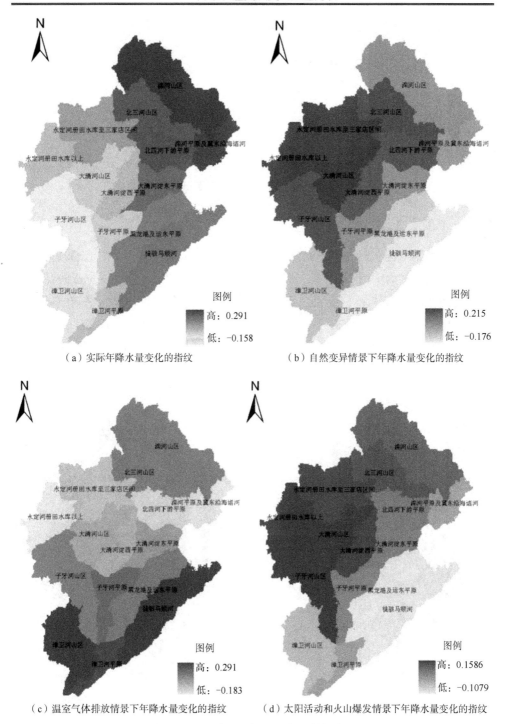

（a）实际年降水量变化的指纹　　　　　（b）自然变异情景下年降水量变化的指纹

（c）温室气体排放情景下年降水量变化的指纹　　　（d）太阳活动和火山爆发情景下年降水量变化的指纹

图 5.8　海河流域不同情景下降水变化的指纹

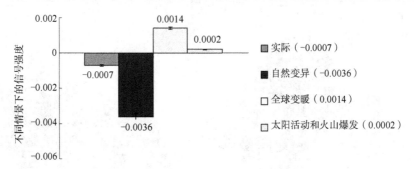

图 5.9　海河流域不同情景下降水变化的信号强度

5.4.2　温度演变的归因分析

对气候系统的自然变异、温室气体排放导致的全球变暖、太阳活动和火山爆发三个情景下的海河流域 15 个三级区年平均温度进行 EOF 分解，KMO 统计量值分别为 0.86、0.9、0.93，说明适合进行 EOF 分解；公因子方差比平均值分别为 0.95、0.96、0.96，说明 EOF 分解得到的各分量基本上反映了各情景下的温度空间变异情况，指纹解释总方差的比例分别为 95%、96%、96%。各情景下年平均温度变化的指纹如图 5.10 所示。

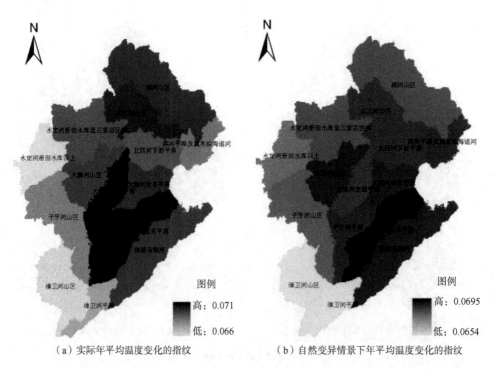

（a）实际年平均温度变化的指纹　　　　　（b）自然变异情景下年平均温度变化的指纹

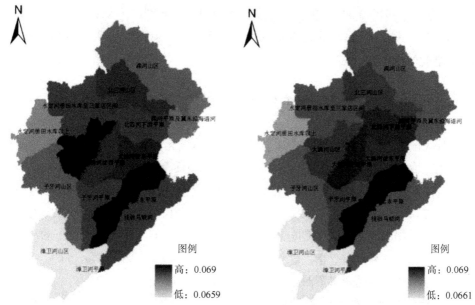

（c）温室气体排放情景下年平均温度变化的指纹　　（d）太阳活动和火山爆发情景下年平均温度变化的指纹

图 5.10　海河流域不同情景下温度变化的指纹

从图 5.10 看，不同情景以及实际情况下海河流域年平均温度的空间变异型态有所不同，温室气体排放、太阳活动和火山爆发两个情景下的温度空间变异型态和实际情况有一定的相似之处。

基于上述情景下的指纹，分别计算相应的信号强度如图 5.11 所示。

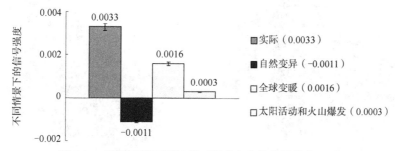

图 5.11　海河流域不同情景下温度变化的信号强度

从图 5.11 可以看出，在自然变异情景下，年平均温度变化的信号强度-0.0011 与实际温度变化的信号强度 0.0033 的符号是相反的，因此气候系统的自然变异不是导致海河流域过去 40 年温度变化的因素。而在全球变暖、太阳活动和火山爆发两个情景下，年平均温度变化的信号强度则与实际是一致的，其中，温室气体排放导致的全球变暖情景下温度变化的信号强度为 0.0016，太阳活动和火山爆发情景下的信号强度为 0.0003,在影响温度变化的因素中分别占了 84% 和 16%。因此,认为温室气体排放导致的全球变暖以及太阳活动和火山爆发是导致海河流域过去 40 年温度变化的两个因素,并且温室气体排放导致的全球变暖是主要因素。

5.5　地表水资源量演变的归因分析

对气候系统的自然变异、温室气体排放导致的全球变暖、人工取用水、下垫面变化、取用水和下垫面变化组合下的区域人类活动五个情景下的海河流域 15 个三级区年地表水资源量进行 EOF 分解,KMO 统计量值分别为 0.74、0.73、0.78、0.71、0.77,说明可以进行 EOF 分解;公因子方差比平均值分别为 0.73、0.91、0.77、0.69、0.73,说明 EOF 分解得到的各分量基本上反映了各情景下的年地表水资源量空间变异情况,指纹解释总方差的比例分别为 52%、57%、54%、46%、49%。各情景下年地表水资源量变化的指纹如图 5.12 所示。

从图 5.12 可以看出,除了温室气体排放导致的全球变暖情景下,气候系统的自然变异、人工取用水、下垫面变化和区域人类活动四个情景下的年地表水资源量空间变异型态比较类似,但与实际情况相比有一定的差别。这可能是由于指纹解释总方差的比例不大所致,需要采用优化指纹方法进行进一步研究。

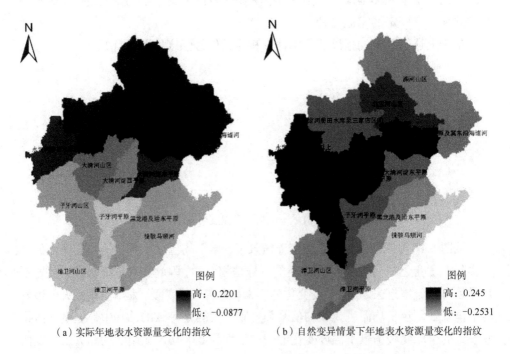

（a）实际年地表水资源量变化的指纹　　　　（b）自然变异情景下年地表水资源量变化的指纹

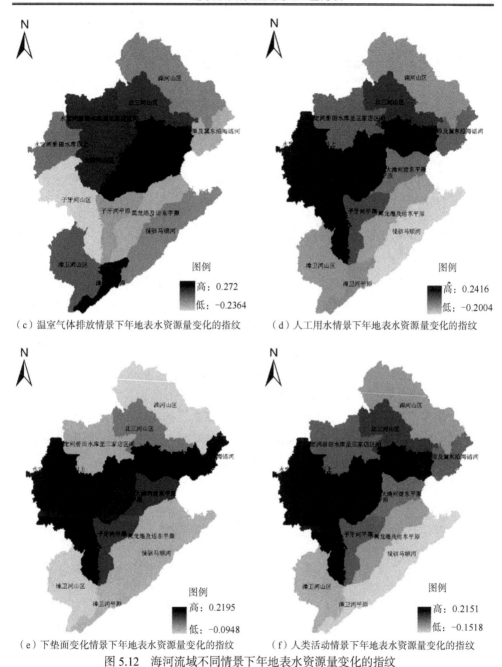

（c）温室气体排放情景下年地表水资源量变化的指纹　（d）人工用水情景下年地表水资源量变化的指纹

（e）下垫面变化情景下年地表水资源量变化的指纹　（f）人类活动情景下年地表水资源量变化的指纹

图 5.12　海河流域不同情景下年地表水资源量变化的指纹

　　基于计算的不同情景下海河流域地表水资源量变化的指纹，分别计算相应的信号强度如图 5.13 所示。

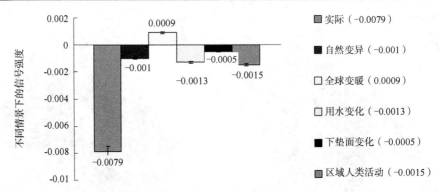

图 5.13　海河流域不同情景下年地表水资源量变化的信号强度

　　从图 5.13 可以看出，在温室气体排放导致的全球变暖情景下，年地表水资源量变化的信号强度 0.0009 与实际变化的信号强度-0.0079 的符号是相反的，因此全球变暖不是导致海河流域过去 40 年地表水资源量变化的因素。而在气候系统自然变异、取用水、下垫面变化、区域人类活动四个情景下，年地表水资源量变化的信号强度则与实际是一致的，其中，自然变异情景下年地表水资源量变化的信号强度为-0.001，取用水情景下的信号强度为-0.0013，下垫面变化情景下的信号强度为-0.0005，在影响年地表水资源量变化的因素中分别占了 36%、46% 和 18%，而在取用水和下垫面变化组合下的人类活动情景下，年地表水资源量变化的信号强度为-0.0015，在影响年地表径流量变化的因素中所占比例达到了 60%。因此，认为气候系统的自然变异和区域人类活动是导致海河流域过去 40 年地表水资源量变化的两个因素，并且区域人类活动是主要因素。

第6章　变化环境下海河流域水资源演变趋势分析

研究流域水资源演变，既要了解其历史的演变情况，也要对流域水资源未来可能的演变情况进行预估。本章是海河流域水资源演变分析内容的一部分，主要对未来变化环境下海河流域水资源的演变趋势进行预估。未来环境的变化不仅包括气候条件的变化，而且还包括人口条件、社会经济条件、下垫面条件、人工取用水条件以及其他相关环境条件的变化，只有在全面考虑这些影响水资源演变的诸多因素的变化基础上，对未来水资源演变的预测才会更加合理和科学。本研究综合考虑上述影响因素，在相关研究成果的基础上，拟从气候变化、人工取用水变化以及下垫面变化三个方面来反映未来的环境情景。本章共分五节，6.1 节至6.3 节分别介绍了未来变化环境的生成，包括气候情景、人工取用水情景和下垫面情景，6.4 节利用分布式水文模型 WEP-L 对变化环境下的海河流域水资源演变趋势进行了预估和分析，6.5 节基于海河流域未来水资源情势，提出了水资源可持续利用的保障措施。

6.1　未来气候情景

6.1.1　气候情景现状

全球气候模式是目前预测未来气候变化情势的重要工具，其驱动要素主要为假定的社会经济发展情景的温室气体排放量。尽管全球气候模式存在不确定性被许多学者质疑，但至今仍是预测未来气候情景必要和信赖的主要手段。IPCC 共发展了三套排放情景：一套是 IS92 情景，主要用于第二次评估报告中气候预测（1996年）；第二套是 SRES 情景，以代替 IS92 用于第三次评估报告中的气候预测（2001年）；第三套为 RCPs 情景，为 IPCC 第五次评估报告（2013 年）中启用的开发的新情景——代表性浓度路径（Representative Concentration Pathways，RCPs）。2000年出版的 IPCC《排放情景特别报告（Special Reports on Emission Scenarios, SRES）》描述的情景，为未来世界设计了四种可能的社会经济发展框架，SRES 情景考虑影响社会经济发展的主要驱动因素为人口、经济增长、技术变化、能源、土地利用、社会公平性、环境保护和全球一体化。无论从定性角度还是从定量角度，四种情景系列（A1、A2、B1 和 B2）的差异比较大。A 情景强调经济发展，B 情景在发展经济的同时强调环境保护的重要性；而 1 类情景强调全球的趋同性，2 类情景强调区域经济、社会、环境可持续性的地区解决方案，关注的焦点在地区层次上。

IPCC 第三次评估报告（AR3）中使用 3 个全球气候模式，在 SRES 排放情景下，预测了未来 50～100 年的全球气候变化。虽然预测的结果存在相当的不确定性，但各模式都一致地表明，温室气体的增加是导致 21 世纪气候变化的最主要因子。

2007 年 IPCC 发布的第四次评估报告（AR4）中考虑了 6 个情景，分别是A1F1、A1B、A1T、A2、B1 和 B2。A1 情景代表的是高速经济增长的模式，预计全球人口在 2050 年达到 90 亿人，然后逐渐下降，认定科技可以快速发展、传播，同时世界交互广泛，收入和生活方式在世界范围趋同。

A1 情景还可以分成三个，A1F1 情景代表能量来源仍然严重依赖化石能源；A1B 情景代表各种能量来源平衡发展，适当发展非化石能源，同时并不放弃化石能源的开发，应该是比较有可能的一种发展情景；A1T 情景则把重点放在了非化石能源上，试图使用非化石能源替代化石能源。

A2 情景描述的是一个更加分化的世界。这个情景里面假定各个国家发展相互独立，基本自己发展，相对封闭，人口持续增长，经济发展以地方经济发展为主，而同时，科技变化的趋势就趋于缓慢，局部化，人均收入增长比 A1 要低。这个情景下由于技术普及缓慢，同时经济增长仍然较快，人口持续增加，所以碳排放增长比较高。

B1 情景也是高速发展的模式，不过经济结构与 A1 有所区别，高速发展的部分主要来源于服务业和信息领域，这样对能源的依赖相对低。这个情景模式下人口发展同样在 2050 年增加到 90 亿人，然后逐渐下降，同时假定由于技术的进步，对于材料的依赖逐渐降低，经济自身更加清洁，资源利用率更高，经济是全球化的经济，社会和谐，环境友好，稳定。这是所有考虑的情景里面碳排放最低的一个。

B2 情景描述的则是一个高度分散的世界，预计人口持续增加，但是低于 A2情景的增加速度，经济偏向地区性，同样维持经济、社会和环境的稳定，经济发展中速，技术的发展、推广速度慢于 A1 和 B1。

这些选定的情景的合理性仍然有争议，不过这并不妨碍人们根据这些情景来对未来进行推测。其中，最常用的是 A1B、A2 和 B1 三个情景，分别代表了碳排放高速增长、中速增长和低速增长三个模式。除此之外，为了比较，AR4还考虑了维持2000年的温室气体和气溶胶水准的情况下气候的变化情况。

为了协调不同科学研究机构和团队的相关研究工作，强化排放情景对研究人员和决策者研究和应对气候变化的参考作用，并在更大范围内研究潜在气候变化和不确定性，IPCC决定在第五次评估报告中将启用开发的新情景—代表性浓度路径（RCPs），并将其应用到气候模式、影响、适应和减缓等各种评估中。

根据Moss等（2010）的定义，RCPs是指"对辐射活性气体和颗粒物排放量、浓度随时间变化的一致性预测，作为一个集合，它涵盖广泛的人为气候强迫"。与之前情景开发的过程不同，RCPs情景开发不再采用串行方法，而采用并行方法，因而具有三个方面的优点：

（1）它可大大缩短不同研究团体相关研究之间的时滞，加快不同研究团体结果的综合过程。利用串行方法，气候预估与影响、适应与脆弱性评估时滞可超过十年。

（2）可方便不同研究团体的信息整合，增强不同团队评估和研究结果的一致性。

（3）可推动给定浓度路径下不同社会经济和技术发展模式的相关研究。

由于相同浓度路径可导致不同的社会经济发展和综合评估模型（Integrated Assessment Models, IAMs）结果，并行方法能部分地让气候科学与社会经济预估解耦。

目前，IPCC已在现有文献中识别了4类代表性RCPs（RCP8.5、RCP6、RCP4.5和RCP-PD），并确定利用4个IAMs提供每种路径下的辐射强迫、温室气体（气溶胶、化学活性气体）排放和浓度及土地利用和覆盖的时间表（Moss M 等，2007；Van F 等，2008）。RCP8.5为CO_2排放参考范围90百分位数的高端路径，其辐射强迫高于SRES中高排放（A2）情景和石化燃料密集型（A1FI）情景。RCP6和RCP4.5都为中间稳定路径，且RCP4.5的优先性大于RCP6。RCP-PD为比CO_2排放参考范围低10百分位数的低端路径（采用RCP2.6），它与实现2100年相对工业革命之前全球平均温升低于2℃的目标一致，因而受到广泛关注，另外，它提出了辐射强迫达到峰值后下降的新概念，将促进对气候变化及影响不可逆性的深入分析。

6.1.2 本研究选用的未来气候情景

目前，针对RCP2.6、RCP4.5、RCP6.0、RCP8.5情景，ISI-MIP（The Inter-Sectoral

Impact Model Intercomparison Project）提供了 5 套全球气候模式插值、订正结果，这 5 套气候模式分别是美国的 GFDL-ESM2M、英国的 HADGEM2-ES、法国的 IPSL-CM5A-LR、日本的 MIROC-ESM-CHEM 和挪威的 NORESM1-M。针对常用的 A2、A1B 和 B1 情景，PCMDI（Program for Climate Model Diagnosis and Intercomparison）提供了 23 个气候模式的模拟结果。虽然 RCP2.6、RCP4.5、RCP6.0、RCP8.5 情景是最新提出的，但和常用的 A1B、A2 和 B1 情景相比，基于前述气候模式模拟结果得出的海河流域未来 2050 水平年降水和温度的变化趋势是一致的：RCPs 情景下，海河流域温度可能升高 2.1～2.9℃，降水可能增加 11.0%～15.6%；SRES 情景下，海河流域温度可能升高 0.7～1.1℃，降水可能增加 10.5%～13.8%；即温度都是升高的，降水都是增加的。为了能反映更多气候模式的模拟成果，本研究拟选用 PCMDI 提供的 23 个气候模式在 A1B、A2 和 B1 三个情景下的模拟结果。

基于 IPCC AR4 中的研究成果，本节分别对选择的全球气候模式及其预估数据的降尺度处理进行介绍。

6.1.2.1　全球气候模式

气候变化预估是科学家、公众和政策制定者共同关心的问题，目前气候模式是进行气候变化预估的最主要工具。IPCC AR4 中共包含 23 个复杂的全球气候系统模式对过去气候变化的模拟和对未来全球气候变化的预估，其中美国 7 个（NCAR_CCSM3，GFDL_CM2_0，GFDL_CM2_1，GISS_AOM，GISS_E_H，GISS_E_R，NCAR_PCM1）、日本 3 个（MROC3，MROC3_H，MRI_CGCM2）、英国 2 个（UKMO_HADCM3，UKMO_HADGEM）、法国 2 个（CNRMCM3，IPSL_CM4）、加拿大 2 个（CCCMA_3-T47，CCCMA_3-T63）、中国 2 个（BCC-CM1，IAP_FGOALS1.0），德国（MPI_ECHAM5）、德国/韩国（MIUB_ECHO_G）、澳大利亚（CSIRO_MK3）、挪威（BCCR_CM2_0）和俄罗斯（INMCM3）各有 1 个。参加的国家之广、模式之多都是以前几次全球模式对比计划所没有的。IPCC AR4 中选用的气候模式的主要特征是：大部分模式都包含了大气、海洋、海冰和陆面模式，考虑了气溶胶的影响，其中大气模式的水平分辨率和垂直分辨率普遍提高，对大气模式的动力框架和传输方案进行了改进；海洋模式也有了很大的改进，提高了海洋模式的分辨率，采用了新的参数化方案，包括了淡水通量，改进了河流和三角洲地区的混合方案，这些改进都减少了模式模拟的不确定性；冰雪圈模式的发展使得模式对海冰的模拟水平进一步提高。

表 6.1 是这些气候模式的基本特征，有关这些模式的详细介绍可从如下网站获取：

http://www-pcmdi.llnl.gov/ipcc/model_documentation/ipcc_model_documentation.php.

表 6.1 气候模式基本特征（国家气候中心，2008）

模式	国家	大气模式	海洋模式	海冰模式	陆面模式
BCC-CM1	中国	T63L16 1.875°×1.875°	T63L30 1.875°×1.875°	热力学	L13
BCCR_CM2_0	挪威	ARPEGE V3 T63 L31	NERSC-MICOM V1L35 1.5°×0.5°	NERSC 海冰模式	ISBA ARPEGE V3
CCCMA_3(CGCMT47)	加拿大	T47L31 3.75°×3.75°	L29 1.85°×1.85°		
CNRMCM3	法国	Arpege-Climatev3 T42L45(2.8°×2.8°)	OPA8.1 L31	Gelato3.10	
CSIRO_MK3	澳大利亚	T63L18 1.875°×1.875°	MOM2.2 L31 1.875°×0.925°		
GFDL_CM2_0	美国	AM2 N45L24 2.5°×2.0°	OM3 L50 1.0°×1.0°	SIS	LM2
GFDL_CM2_1	美国	AM2.1 N45L24 2.5°×2.0°	OM3.1 L50 1.0°×1.0°	SIS	LM2
GISS_AOM	美国	L12 4°×3°	L16	L4	L 4-5
GISS_E_H	美国	L20 5°×4°	L16 2°×2.0°		
GISS_E_R	美国	L20 5°×4°	L13 5°×4.0°		
IAP_FGOALS1.0	中国	GAMIL T42L30 2.8°×3°	LICOM 1.0	NCAR CSIM	
IPSL_CM4	法国	L19 3.75°×2.5°	L19 1°-2°）×2.0°		
INMCM3	俄罗斯	L20 5°×4°	L33 2°×2.5°		
MIROC3	日本	T42 L20 2.8°×2.8°	L44 （0.5°-1.4°）×2.5°		
MIROC3_H	日本	T106L56 1.125°×1°	L47 0.2812°×0.1875°		
MIUB_ECHO_G	德国	ECHAM4 T30L19	HOPE-G T42 L20	HOPE-G	

续表

模式	国家	大气模式	海洋模式	海冰模式	陆面模式
MPI_ECHAM5	德国	ECHAM5 T63 L32 (2°×2°)	OM L41 1.0°×1.0°	ECHAM5	
MRI_CGCM2	日本	T42 130 2.8°×2.8°	L23 (0.5°-2.5°)×2.0°		SUB L3
NCAR_CCSM3	美国	CAM3 T85L26 1.4°×1.4°	POP1.4.3 L40 (0.3°-1.0°)×1.0°	CSIM5.0	CLM3.0
NCAR_PCM1	美国	CCM3.6.6 T42L18 (2.8°×2.8°)	POP1.0 L32 （0.5°-0.7°）×0.7°	CICE	LSMI T42
UKMO_HADCM3	英国	L19 2.5°×3.75°	L20 1.25°×1.25°		MOSES1
UKMO_HADGEM	英国	N96L38 1.875°×1.25°	（1°-0.3°）×1.0°		MOSES2

6.1.2.2　气候模式预估数据

在气候变化研究中，各个模式对不同地区的模拟效果不尽相同。相关研究成果表明，多个模式的平均效果优于单个模式的效果（Phillips 等，2006）。本研究采用的全球气候模式数据来自于 PCMDI 公开发布的 "WCRP（The World Climate Research Programme）的耦合模式比较计划-阶段 3 的多模式数据"（CMIP3），包括全球 20 多个模式组提供的全球气候模式模拟和预估结果。在此基础上，国家气候中心将这 20 多个不同分辨率的全球气候模式的模拟结果经过插值降尺度计算，将其统一到同一分辨率 1°×1°下，对其在东亚地区的模拟效果进行检验，利用简单平均方法进行多模式集合，制作成一套 1901—2099 年的月平均资料。本研究中采用的数据系列为海河流域 2021—2050 年的降雨和气温系列。有关各模式预估数据详细信息可从如下网站获取：https://esg.llnl.gov:8443/index.jsp.

6.1.2.3　气候模式预估数据的降尺度

由于气候模式预估的降水和气温的时空尺度和水文模型要求的不一致，因此在耦合气候模式预估结果与水文模型前，需要对气候模式预估数据的时空尺度进行转换。

空间尺度转换方面，由于气候模式预估数据的空间尺度是站点，本研究采用空间插值的方法将气候模式预估结果插值至水文模型的计算单元。目前有许多空间插值方法，考虑到插值精度、计算效率等因素以及前后研究方法的一致性，本研究仍选用距离平方反比结合泰森多边形法进行空间插值。

时间尺度转换方面，本研究选用的气候模式预估数据的时间尺度是月。而水文模型要求的时间尺度是日，因此需要对气候模式预估数据进行时间降尺度。本研究选用的天气发生器为 BCCRCG-WG 3.00，其原理详见 2.4 节，图 6.1 是该天气发生器的工作界面。

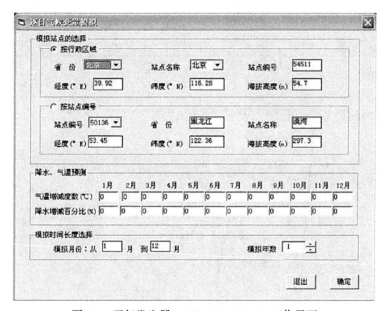

图 6.1　天气发生器 BCCRCG-WG 3.00 工作界面

在海河流域水资源演变的预测研究中，选用了流域内的 26 个气象站点，基于气候模式预估结果，利用天气发生器 BCCRCG-WG3.00 对各站点 2021—2050 年逐月气候资料进行降尺度，得到满足水文模型要求的日尺度资料。

6.1.2.4　未来气象要素变化情况

根据上述方法，对未来三个气候情景 SRES-A1B、SRES-A2 和 SRES-B1 下海河流域 4 个二级区、15 个三级区和 80 个三级区套地级市 2021—2050 年的逐年降水量、年平均温度以及二者相对历史多年平均（1980—2005 年）的变化情况进行了分析，同时，对上述区域未来 30 年的月平均降水量和月平均温度以及二者相对历史平均（1980—2005 年）的变化情况也进行了分析。

限于篇幅，此处仅列出了海河流域的情况，如图 6.2 和图 6.3 所示。表 6.2 列出了历史和未来不同气候情景下多年平均气象要素对比情况。

表 6.2　历史和未来不同气候情景下多年平均气象要素特征值

情景名称	年降水量/mm				年平均温度/℃			
	平均值	最大值	最小值	变差系数 C_v	平均值	最大值	最小值	变差系数 C_v
历史情况	499.89	649.72	367.19	0.151	10.41	11.59	9.3	0.059
SRES-A1B	552.17	770.92	352.50	0.167	11.49	12.75	10.17	0.058
SRES-A2	552.88	785.75	369.24	0.185	11.34	12.81	10.13	0.052
SRES-B1	568.61	806.13	381.84	0.186	11.12	12.22	10.09	0.052

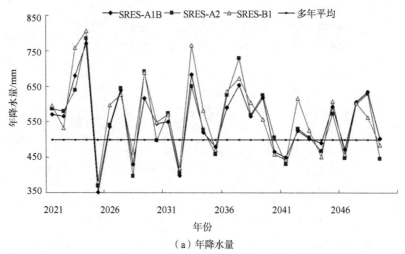

（a）年降水量

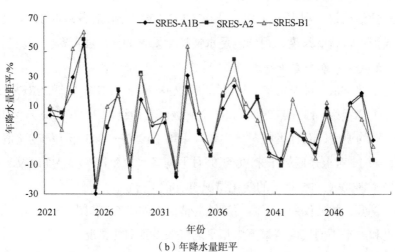

（b）年降水量距平

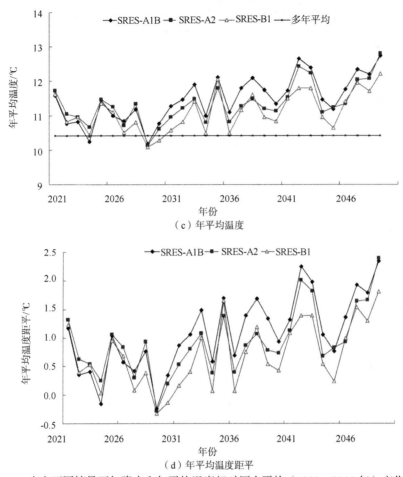

（c）年平均温度

（d）年平均温度距平

图6.2 未来不同情景下年降水和年平均温度相对历史平均（1980—2005年）变化情况

由表6.2和图6.2可以看出，在SRES-A1B、SRES-A2和SRES-B1三个情景下，2021—2050年，海河流域年降水量和年平均温度的变化趋势是一致的，只是在变化幅度上有所不同。

在SRES-A1B、SRES-A2和SRES-B1三个情景下，海河流域年平均降水量较历史平均（1980—2005年）分别增加了10.5%、10.6%和13.8%；年降水量最大值均有所增加，分别增加了18.7%、20.9%、24.1%；年降水量最小值则变化不大，三个情景下的变化分别为：减少4%、增加0.6%和增加4%；而年降水量的变差系数均比历史情况有所增大，因此，未来30年间，海河流域年降水量的变化趋势为略有增加，但年际波动幅度比历史情况有所增大。

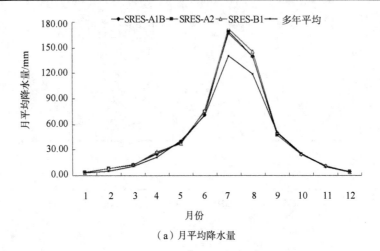

（a）月平均降水量

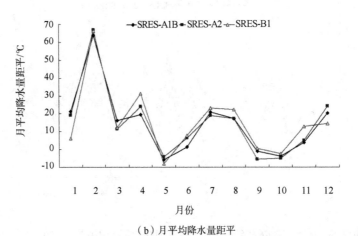

（b）月平均降水量距平

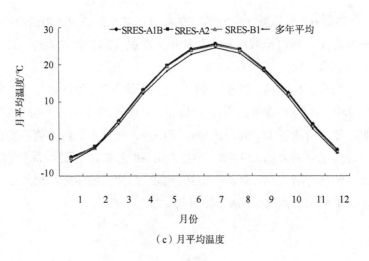

（c）月平均温度

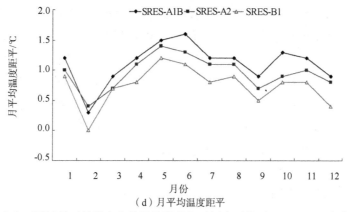

（d）月平均温度距平

图 6.3 未来不同情景下月降水和月平均温度相对历史平均（1980—2005 年）变化情况

在 SRES-A1B、SRES-A2 和 SRES-B1 三个情景下，海河流域年平均温度分别比历史多年平均升高了 1.1℃、0.9℃和 0.7℃；和历史情况相比，三个情景下的年平均最高温度均有所升高，分别升高了 1.2℃、1.2℃和 0.6℃，年最低温度也分别升高了 0.9℃、0.8℃和 0.8℃，而年平均温度的变差系数均有所减小，因此，未来 30 年间，海河流域年平均温度的变化趋势是增加的，并且波动幅度有所减小。

从降水和温度的年内变化看，2021—2050 年，SRES-A1B、SRES-A2 和 SRES-B1 三个情景下各月平均降水量的变化趋势是基本一致的，就 5 月、9 月和 10 月降水量略有减少，分别减少了 6%、2%和 4%，其余各月降水量均有所增加，三个情景下各月平均降水量相对历史平均分别增加了 14.5%、14.9%和 15.5%，其中，1 月、2 月、4 月、7 月、8 月和 12 月平均降水量增加幅度较大，分别增加了 15.6%、65.7%、24.9%、21.0%、18.9%和 19.7%。SRES-A1B、SRES-A2 和 SRES-B1 三个情景下各月平均温度的变化趋势是基本一致的，分别增加了 1.1℃、0.9℃和 0.7℃，温度增加最高的月份出现在 5 月或 6 月，分别增加了 1.6℃、1.4℃和 1.2℃。

6.1.2.5 气候模式预估的不确定性问题

IPCC 第三次评估报告指出，气候模式预估的不确定性主要来自排放情景的不确定性、模式的不确定性、物理过程参数化的不确定性，以及对地球生物化学过程等反馈机制认识上的不确定性等。气候模式的集合不仅包括单一模式不同物理参数化和初始条件的集合，还包括不同模式预估结果的集合。需要指出的是，不论是单一模式的集合还是多模式的集合，都不能涵盖所有的不确定性。

作为对未来气候变化进行定量预估的有效工具之一，气候模式在近几十年里取得了突飞猛进的发展。但是，气候的复杂性和资料的有限性决定了气候模拟中必然存在缺陷，模式的不确定性是客观存在的。当前的气候模式仍需改进，云辐射过程、云和水汽反馈过程、陆面过程以及海洋物理过程等是气候模式不确定性的主要来源。关于未来温室气体和气溶胶排放情景的不确定性也比较大。利用气候模式进行未来气候变化趋势预估在定性上有一定程度的可靠性，但在定量上仍存在较大的分歧。利用气候模式进行未来降水和极端气候事件的模拟和预估，其结果的信度更低（《气候变化国家评估报告》编写委员会，2007）。因此，本研究中有关未来气候变化情景特别是降水的预估结果，在不确定性研究方面还有待加强，降水的预估结果还有待于进一步的完善。

6.2　未来下垫面情景

《全国土地利用总体规划纲要（2006—2020 年）》以 2005 年为基准年，以 2020 年为规划末年，对全国土地利用进行了规划。本研究基于纲要中海河流域各省份的各类土地利用类型面积，对海河流域未来的土地利用进行了预测。有关该纲要的详细内容可以从如下网站获取：http://www.cnlandplanning.com/show.asp?action= news&newsid=499.

该纲要在遵循严格保护耕地、节约集约用地、统筹各业各类用地、加强土地生态建设、强化土地宏观调控等基本原则的前提下，制定的土地利用规划目标如下：

（1）守住 18 亿亩耕地红线。全国耕地保有量到 2010 年和 2020 年分别保持在 12120 万 hm^2（18.18 亿亩）和 12033.33 万 hm^2（18.05 亿亩）。规划期内，确保 10400 万 hm^2（15.6 亿亩）基本农田数量不减少、质量有提高。

（2）保障科学发展的建设用地。新增建设用地规模得到有效控制，闲置和低效建设用地得到充分利用，建设用地空间不断扩展，节约集约用地水平不断提高，有效保障科学发展的用地需求。规划期间，单位建设用地第二、第三产业产值年均提高 6%以上，其中，"十一五"期间年均提高 10%以上。到 2010 年和 2020 年，全国新增建设用地分别为 195 万 hm^2（2925 万亩）和 585 万 hm^2（8775 万亩）。通过引导开发未利用地形成新增建设用地 125 万 hm^2（1875 万亩）以上。

（3）土地利用结构得到优化。农用地保持基本稳定，建设用地得到有效控制，未利用地得到合理开发；城乡用地结构不断优化，城镇建设用地的增加与农村建设用地的减少相挂钩。到 2010 年和 2020 年，农用地稳定在 66177.09 万 hm^2（992656 万亩）和 66883.55 万 hm^2（1003253 万亩），建设用地总面积分别控制在 3374 万

hm^2（50610 万亩）和 3724 万 hm^2（55860 万亩）以内；城镇工矿用地在城乡建设用地总量中的比例由 2005 年的 30% 调整到 2020 年的 40% 左右，但要从严控制城镇工矿用地中工业用地的比例。

（4）土地整理复垦开发全面推进。田水路林村综合整治和建设用地整理取得明显成效，新增工矿废弃地实现全面复垦，后备耕地资源得到适度开发。到 2010 年和 2020 年，全国通过土地整理复垦开发补充耕地不低于 114 万 hm^2（1710 万亩）和 367 万 hm^2（5500 万亩）。

（5）土地生态保护和建设取得积极成效。退耕还林还草成果得到进一步巩固，水土流失、土地荒漠化和"三化"（退化、沙化、碱化）草地治理取得明显进展，农用地特别是耕地污染的防治工作得到加强。

该纲要中海河流域 2020 年各省份的各类土地利用类型面积与现状对比情况见表 6.3。

表 6.3 海河流域各省份 2020 年各种土地利用类型面积与现状对比情况

省份	耕地/万 hm^2			林地/万 hm^2			园地/万 hm^2			牧草地/万 hm^2			建设用地/万 hm^2		
	2005年	2020年	变化率/%	2005年	2020年	变化率/%	2005年	2020年	变化率/%	2005年	2020年	变化率/%	2005年	2020年	变化率/%
北京	23.3	21.5	-8.0	69.1	71.8	3.8	12.4	14.4	15.9	0.2	0.2	0	32.3	38.2	18.2
天津	44.6	43.7	-1.8	3.7	4.2	15.6	3.7	3.8	0.5	0.1	0.1	0	34.6	40.3	16.5
河北	641.0	630.3	-1.7	439.3	571.0	30.0	60.9	60.6	-0.5	81.0	80.8	-0.3	173.3	191.1	10.3
山西	408.2	400.3	-1.9	439.2	580.0	32.1	29.5	45.0	52.8	65.8	40.7	-38.2	84.1	98.3	17.0
内蒙	710.1	697.7	-1.7	2169	2419	11.5	7.3	9.7	32.9	6572	6483	-1.3	143.9	162.3	12.8
辽宁	409.1	406.3	-0.7	569.0	621.9	9.3	59.8	66.7	11.4	35.0	45.5	30.0	137.0	155.6	13.6
山东	751.9	747.9	-0.5	135.2	145.0	7.3	102.1	103.4	1.3	3.4	3.0	-12.6	242.2	267.0	10.2
河南	792.5	789.8	-0.3	301.9	338.3	12.1	31.8	34.1	7.3	1.4	1.5	1.4	215.2	240.7	11.9

基于海河流域 2020 年各省份的各类土地利用类型面积和水文模型中计算单元与各省份的关系，在 Arcmap 中调整水文模型各计算单元的土地利用面积，进而得到海河流域 2020 年下垫面变化情景，流域内各种土地利用类型面积与现状对比情况见表 6.4，其中，耕地面积减少了 1.8%，草地面积减少了 12.4%，林地面积增加了 13.2%，城镇居民用地面积增加了 10.1%。

表 6.4 海河流域 2020 年各种土地利用类型面积与现状对比情况

土地利用类型（代码）	2000 年面积/万 km^2	2020 年面积/万 km^2	变化率/%
水田（11）	0.633	0.624	-1.47

续表

土地利用类型（代码）	2000 年面积/万 km²	2020 年面积/万 km²	变化率/%
旱地（12）	15.388	15.113	-1.79
有林地（21）	2.867	3.152	9.94
灌木地（22）	2.387	2.760	15.63
疏林地（23）	0.618	0.735	18.95
其他林地（24）	0.193	0.216	12.03
高覆盖度草地（31）	3.053	2.735	-10.42
中覆盖度草地（32）	1.967	1.743	-11.39
低覆盖度草地（33）	1.117	0.895	-19.82
河渠（41）	0.183	0.181	-1.23
湖泊（42）	0.009	0.009	0.03
水库坑塘（43）	0.268	0.265	-1.42
滩涂（45）	0.004	0.004	-2.72
滩地（46）	0.296	0.295	-0.35
城镇用地（51）	0.471	0.511	8.5
农村居民用地（52）	1.802	1.995	10.67
其他建设用地（53）	0.292	0.318	8.96
沙地（61）	0.112	0.111	-0.97
盐碱地（63）	0.126	0.126	-0.31
沼泽地（64）	0.106	0.105	-0.68
裸土地（65）	0.008	0.008	2.53
裸岩石砾地（66）	0.011	0.011	0.87
其他（67）	0.021	0.021	-0.55

6.3　未来取用水情景

由于人类活动的影响，20 世纪 80 年代以来，海河流域水循环的水平通量如地表径流量等呈减少趋势，而垂直通量如地下水开采净消耗量等呈增加趋势，流域水资源形势非常严峻，这种情况是不利于流域可持续发展的。在本研究中，为了扭转这种不利局面，使得未来海河流域水资源能够支撑流域经济社会可持续发展，根据海河 GEF 项目相关研究成果来确定海河流域未来人工取用水情景。海河 GEF 项目通过 ET 控制实现入海水量水质、地下水超采等涉及流域水生态和水环境的水量控制目标，根据这些控制目标的合理组合，通过对经济目标的优化提出不同的用水需求组合（不同地区、行业）、跨流域调水及地下水开采回补控制等措施的定量方案。作为方案组合的基础，通过模型计算得到各区域具体的水量配置状况、控制断面水量水质过程等情景结果。情景方案的具体设置原则如下：

（1）水文年条件设置原则。考虑海河流域近20年水文系列连续偏枯的事实，设置1956—2005年的50年长系列和1980—2005年的26年短系列两类水文边界条件。前者主要体现丰枯系列交替状况下海河流域的水资源条件，后者主要体现近期降水连续偏枯的实际情况，便于观察水量偏枯情况下海河流域的水资源状况。

（2）入海水量目标设置原则。根据战略研究中关于入海水量水质的要求，结合海河流域不同年代实际入海水量，制定相应的入海水量目标，体现对于不同生态与环境目标下的流域入海控制状况。93亿 m³ 的入海水量方案主要反映了50年长系列条件下的多年平均入海水量目标，可以维持流域长期条件下的水量均衡状况，但在来水不充沛的条件下需要较为严厉的限制经济用水和提高节水水平来实现。55亿 m³ 的入海水量则反映了近期26年系列下的平均入海水量目标，可以维持流域近期的水均衡状况，但对于生态恢复与改善渤海水质状况等目标不够积极。35亿 m³ 的入海水量则反映了流域总水量均衡的最低要求，该方案体现了经济快速增长模式下入海仍维持近期现状水平的情景。

（3）外调水量设置原则。主要以南水北调的规划方案为基础，考虑通水时间存在的变通性和可能的加大通水情景，设置相应的跨流域调水组合方案。对于2010年，结合原有通水方案和南水北调通水推迟的实际情况，提出2010年按一期规模通水一半的方案，体现前期通水的影响效果。

（4）地下水超采设置原则。考虑现状地下水开采与规划压采方案，结合南水北调工程通水规模变化的进度，考虑经济增长对水资源的需求，设置不同水平年的地下水超采方案。在目标 ET 设定的条件下，地下水超采和跨流域调水状况以及经济发展模式密切相关。当采用较为严厉的 ET 控制和较高的入海水量目标时，地下水超采只能以较小的幅度得到遏制，反之则地下水超采可以得到较好的控制。

根据上述方案设置原则，海河GEF项目中初步设计了13个情景模拟方案，结合海河流域水资源演变的预测研究，选择了其中2个情景作为海河流域未来的人工取用水情景，具体情景方案构成见表6.5。

表 6.5　人工取用水情景方案设置

方案	水平年	水文系列	降水量/亿 m³	地下水超采/亿 m³	入海水量/亿 m³	南水北调/ 亿 m³		引黄/亿 m³
						中线	东线	
方案 1	2020 年	1980—2005 年	1596.2	27	55	58.7	14.2	47
方案 2	2030 年	1980—2005 年	1596.2	0	93	83.9	31.3	43.3

方案 1：反映近期条件下南水北调中线工程完全通水后，地下水仍部分超采（现状 1/3 的超采水平），以近期系列水文条件控制，全流域经济用水后入海水量保持在 55 亿 m³ 的情景。在该方案的情景设置条件下，流域总用水量为 429 亿 m³。

方案 2：反映远期（2030 年）条件下南水北调中线工程二期完全通水后（调水量达到 158.5 亿 m³），地下水不超采，以近期系列水文条件控制，全流域经济用水后入海水量保持在 93 亿 m³ 的情景。在该方案的情景设置条件下，流域总用水量为 435 亿 m³。

根据《海河流域水资源公报》，历史情况下（2000 年），海河流域总用水量为 398 亿 m³，其中，农业用水和工业生活用水分别为 279 亿 m³ 和 68 亿 m³，分别占了 70% 和 17%，地表和地下用水分别为 135 亿 m³ 和 259 亿 m³，分别占了 34% 和 65%；在方案 1 下，近期水平年 2020 年，海河流域总用水量为 429 亿 m³，其中，农业用水和工业生活用水分别为 195 亿 m³ 和 234 亿 m³，分别占了 45% 和 55%，地表和地下用水分别为 186 亿 m³ 和 210 亿 m³，分别占了 43% 和 49%；在方案 2 下，远期水平年 2030 年，海河流域总用水量为 435 亿 m³，其中，农业用水和工业生活用水分别为 187 亿 m³ 和 258 亿 m³，分别占了 43% 和 59%，地表和地下用水分别为 223 亿 m³ 和 175 亿 m³，分别占了 51% 和 40%。未来人工取用水情况与历史对比如图 6.4 所示，和历史情况相比，方案 1 和方案 2 的人工取用水量分别增加了 7.8% 和 9.3%。

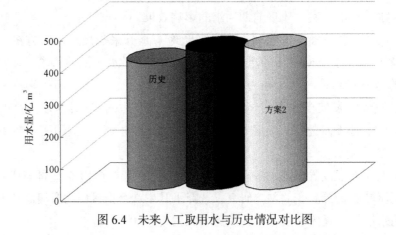

图 6.4　未来人工取用水与历史情况对比图

6.4 水资源演变趋势预估

本研究考虑的未来变化环境情景中,气候变化情景包括 SRES-A1B、SRES-A2 和 SRES-B1 三个情景,取用水情景包括方案 1 和方案 2 两个情景,再加上 1 个未来的下垫面情景,组合起来共有 6 个未来的环境情景。同时,为深入研究气候条件、下垫面和取用水分别对水资源的影响,设置了上述三个因素分别单独变化的三个情景,分别反映仅气候变化、仅取用水变化和仅下垫面变化情景下的水资源状况,具体情景设置见表 6.6。

表 6.6 未来变化环境情景设置

情景设定	情景 1	情景 2	情景 3	情景 4	情景 5	情景 6	情景 7	情景 8	情景 9
气候条件	A1B	A1B	A2	A2	B1	B1	A1B	现状	现状
下垫面条件	2020	2020	2020	2020	2020	2020	现状	现状	2020
取用水条件	方案 1	方案 2	方案 1	方案 2	方案 1	方案 2	现状	方案 1	现状

基于上述设置的 9 个情景,利用分布式水文模型 WEP-L 模拟不同情景下的水循环情况,并对各情景下的水资源量从狭义和广义两个方面进行评价。

(1)狭义水资源量。狭义水资源量的评价与现行水资源评价口径一致,包括地表水资源量评价、地下水资源量评价和狭义水资源总量评价。

地表水资源量用河川径流量表示,包括坡面径流量、地下水向河道排泄的基流量和壤中流向河道的排泄量;地下水资源量包括降水入渗补给量和地表水入渗补给量,其中地表水入渗补给量包括各项天然补给量减去人工地表水入渗补给量;狭义水资源总量指当地降水形成的地表、地下产水总量(不包括区外来水量)。狭义水资源总量由两部分组成:一部分为河川径流量;另一部分为降雨入渗补给地下水而未通过河川基流排泄的水量,即地表水与地下水资源之间的不重复水量。

(2)广义水资源量。广义水资源量是指流域水循环中,由当地降水形成的,对生态环境和人类社会具有效用的水量,主要包括两部分:一部分是地表和地下产水量,即径流性水资源,和现行评价的水资源量的概念一致,也可称为狭义水资源量;另一部分是天然和人工生态系统对降水的有效利用量,即雨水资源的有效利用量,包括直接利用和间接利用两种方式,直接利用是对降水以截留蒸发的形式利用,如居工地的地表截留蒸发具有改善局地环境的作用;间接利用是把大气水转为土壤水的就地利用,如植被蒸腾蒸发。

根据分布式水文模型的模拟结果,可以得到不同环境情景下海河流域的蒸发量、地表水资源量、地下水资源量、狭义水资源量以及广义水资源量的逐年变化情况以及蒸发量、地表径流量相对历史平均（1980—2005 年）的逐月变化情况，如图 6.5 至图 6.11 所示。同时，对海河流域实际及未来不同环境情景下的多年平均水资源情况进行了评价，评价结果见表 6.7。

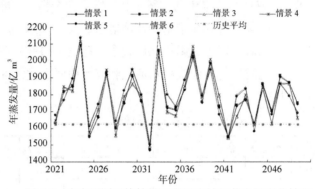

图 6.5　未来不同环境情景下海河流域年蒸发量变化情况

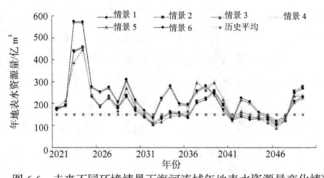

图 6.6　未来不同环境情景下海河流域年地表水资源量变化情况

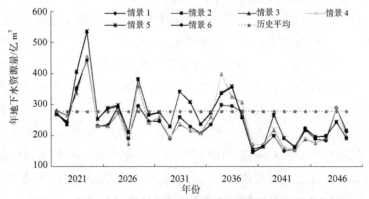

图 6.7　未来不同环境情景下海河流域年地下水资源量变化情况

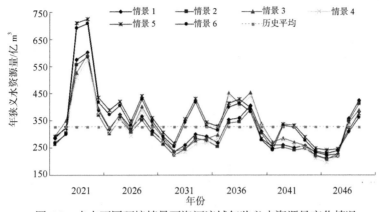

图 6.8   未来不同环境情景下海河流域年狭义水资源量变化情况

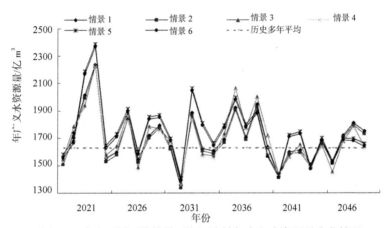

图 6.9   未来不同环境情景下海河流域年广义水资源量变化情况

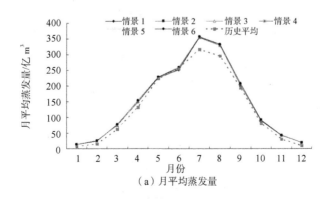

（a）月平均蒸发量

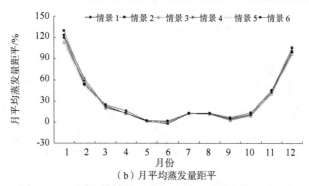

（b）月平均蒸发量距平

图 6.10　不同环境情景下海河流域月平均蒸发量变化情况

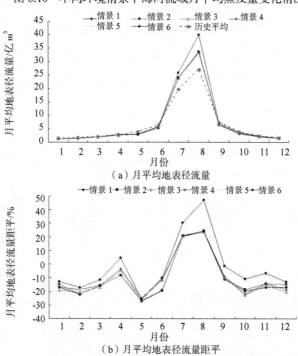

（a）月平均地表径流量

（b）月平均地表径流量距平

图 6.11　不同环境情景下海河流域月平均地表径流量变化情况

表 6.7　历史及未来不同环境情景下多年平均水资源评价成果

情景名称	降水量/亿 m³	蒸发量/亿 m³	地表水资源量/亿 m³	地下水资源量/亿 m³		狭义水资源量/亿 m³	有效蒸散发/亿 m³				广义水资源量/亿 m³
				资源总量	不重复量		林地蒸发	草地蒸发	农田蒸发	居工地蒸发	
历史平均	1596.2	1623.8	151.2	278.4	175.5	326.7	275.1	184.7	827.1	12.3	1626.0
情景 1	1763.1	1778.5	191.6	240.1	133.6	325.2	341.6	182.4	832.0	17.3	1698.5
情景 2	1763.1	1783.1	198.0	239.4	113.6	311.6	341.6	182.5	827.8	17.3	1680.6

续表

情景名称	降水量/亿 m³	蒸发量/亿 m³	地表水资源量/亿 m³	地下水资源量/亿 m³		狭义水资源量/亿 m³	有效蒸散发/亿 m³				广义水资源量/亿 m³
				资源总量	不重复量		林地蒸发	草地蒸发	农田蒸发	居工地蒸发	
情景3	1765.4	1775.5	198.4	247.0	134.9	333.3	340.5	181.7	830.3	17.3	1702.9
情景4	1765.4	1780.1	205.1	246.4	114.9	320.0	340.4	181.7	826.0	17.3	1685.4
情景5	1815.6	1799.8	228.2	267.8	139.0	367.2	346.6	184.9	837.6	17.4	1753.8
情景6	1815.6	1804.4	234.7	266.5	119.0	353.7	346.6	185.0	833.5	17.4	1736.1
情景7	1763.1	1767.6	164.4	288.6	177.4	341.8	303.7	203.8	897.7	15.7	1762.8
情景8	1596.2	1631.1	187.5	224.8	125.9	313.4	275.2	184.8	770.5	12.3	1556.1
情景9	1596.2	1623.7	151.0	277.1	175.1	326.1	307.3	164.1	809.5	13.5	1628.6

从图 6.5 至图 6.11 及表 6.7 可以看出，在情景 1~情景 6 的六个情景下，海河流域多年平均蒸发量、年地表水资源量、年地下水资源量、年狭义水资源量、有效蒸散发以及年广义水资源量的模拟结果之间的总体趋势是基本一致的。未来 30 年间，相对历史多年平均（1980—2005 年），受降水量增加和地下水开采量减少的影响，地表水资源量有一定程度的增加，平均增加了 38.4%。地下水资源量是指赋存于饱水带岩土空隙中的重力水，其补给来源主要是天然补给和人工补给，降水量增加导致地下水天然补给量增加，而未来农业用水量的减少导致人工灌溉补给量减少，两者共同作用导致地下水资源量有一定程度的减少，平均减少了 9.7%。不重复量受地下水补给量和排泄量的影响；补给量除受岩性、降水量、地形地貌、植被等因素的影响外，还受地下水埋深的影响；排泄量主要包括潜水蒸发量、河川基流量和地下水的开采净消耗量。降水量增加导致地下水天然补给量增加，而温度的升高又导致潜水蒸发量的增加；由于未来地下水开采量减少，致使地下水水位逐渐回升，增加了地下水向河流的排泄量，在补给量和排泄量的共同作用下，导致不重复量减少，平均减少了 28.3%。在地表水资源量和不重复量的共同影响下，狭义水资源量略有增加，平均增加了 2.6%。受降水增加、土地利用变化和地下水水位恢复的影响，有效蒸散发量增加，平均增加了 5.8%，其中，林地蒸发平均增加了 24.6%，草地蒸发变化不大、平均减少了 0.9%，农田蒸发略有增加，平均增加了 0.5%，居工地蒸发增加较大，平均增加了 40.9%，在狭义水资源量和有效蒸散发量变化的影响下，广义水资源量略有增加，平均增加了 5.1%。

将情景 7 与历史情况对比，仅气候条件发生了变化，则：降水增加了 10.4%，温度升高了 1.1℃，导致蒸发增加了 8.9%，地下水资源量和不重复量分别增加了

3.6%和1.1%，地表水资源量和狭义水资源量分别增加了8.7%和4.6%；广义水资源量增加了8.4%。可见，未来气候变化可能导致水资源量的增加。

将情景8与历史情况对比，仅用水条件发生了变化，则：总用水量增加了9.5%，约37.2亿 m^3 ，其中，地表用水量增加了32.7%，约45.8亿 m^3 ，地下用水量减少了1.6%，约3.4亿 m^3 ，农业用水量减少了39.5%，约127.6亿 m^3 ，工业生活用水量增加了236%，约164.7亿 m^3 。由于受取水量结构变化的影响，地下水开采量有所减少，地下水水位回升，改善了地表水和地下水的水量交换条件，增加了河川基流量，导致地表水资源量增加了24.0%。受用水量结构变化的影响，用水的供水-用水-耗水-排水过程发生了一定的变化，其与地表水和地下水的水量交换也发生了一定变化。地下水水资源量则受补排条件变化的影响有所减少，不重复量也有所减少，分别减少了19.3%和28.3%。

将情景9与历史情况对比，仅下垫面条件发生了变化，则：耕地面积减少了1.8%，草地面积减少了12.4%，林地面积增加了13.2%，城镇居民用地面积增加了10.1%。林地蒸发和居工地蒸发有所增加，分别增加了11.7%和9.8%，但草地蒸发和农田蒸发分别减少了11.1%和2.1%，林地、草地和耕地增加了地表植被的覆盖度，增加了地表糙率，改变了土壤水动力特征，增加了地表、叶面的截留蒸散发，同时也改善了降水的入渗条件，增加了植被的蒸腾量，相应地减少了地表径流和地下径流的水平向分量，但林地较耕地和草地具有更好的蓄水能力。另外城镇化率的提高导致不透水面积大幅度增加，从而减少了地表截留和入渗，使得地表径流增加，而河川径流减少。在各种土地利用共同作用下，总蒸发量基本没有变化，地表水资源量、地下水资源量和狭义水资源量变化也不大，略有减少。可见，下垫面变化对水资源量的影响相对人工取用水因素来说要小。

因此，气候变化、人工取用水、下垫面变化对流域水资源的影响作用可以总结如下：未来气候变化可能导致海河流域水资源量的增加，而人工取用水和下垫面变化，特别是人工取用水因素，将可能导致海河流域水资源总量的减少，这在一定程度上说明了第5章海河流域水资源演变归因分析结果的合理性。

从图6.10可以看出，未来变化环境下，除情景1和情景2下6月海河流域月平均蒸发量略有减少外（减少了1.6%），情景3~情景6下各月平均蒸发量均有所增加，1月、2月、11月、12月增加幅度较大，分别平均增加了120%、56%、43%和99%，5月和9月增加幅度较小，分别平均增加了2%和5%，其余月份增加幅度平均为14%。

从图6.11可以看出，未来变化环境下，除了情景5和情景6在7月和8月的模拟值较大外，情景1~情景4所模拟的月平均地表径流量的变化趋势还是比较一致的。在7月和8月，情景1~情景6六个情景下月平均地表径流量较历史情况有所增加，平均增加了约28%，而在其余月份则有不同程度的减少，平均约减少了14%。

因此，在未来变化环境下，降水约增加11.6%、温度约升高0.9℃、用水量约增加8.5%，虽然海河流域地表水资源量有一定程度的增加，但地下水资源总量和不重复量均有不同程度的减少，狭义水资源量和广义水资源量变化不大；同时，地表径流量的年内变化程度加剧，汛期的7月和8月地表径流量将有所增加，而其余月份地表径流量将有不同程度的减少。

6.5　水资源可持续利用的保障措施

海河流域水资源可持续利用面临经济社会发展、人口增长、国民经济和生态环境用水需求增加、气候变化等多方面的压力，在未来变化环境下，海河流域的水资源形势更加严峻。为保障经济社会可持续发展，必须采取以水资源可持续利用与管理为准则的一系列适应性对策，以水资源消耗总量和强度双控为原则，在强化节水、挖潜、治污的基础上，实施外流域调水措施，重点做好南水北调中线工程实施条件下的水资源配置和管理，有效地提高全流域水资源承载能力，达到保障城乡供水、恢复和维系流域良好生态的目标，以水资源的可持续利用支持流域经济社会的可持续发展。

根据《海河流域水资源综合规划》，海河流域在采取适当超采地下水、加大外调水量等措施后，近期2020年总配置水量为495亿m³，远期2030年总配置水量为505亿m³，比6.3节未来取用水情景在2020年和2030年的用水量分别多了15.4%和16.1%。

从上节的水资源预估结果来看，由于在未来人工取用水情景中考虑了南水北调中线工程、地下水压采、相关节水措施、水资源合理配置等手段，加上降水量的增加，海河流域未来水资源量总体状况有所改善，地表水资源总量有一定程度的增加，但地表径流量的年内变化程度加剧，汛期的7月和8月径流量增加，流域洪涝防治压力增大，其余月份地表径流量有不同程度的减少。因此，在未来变化环境下，海河流域水资源形势依然严峻。

为保障海河流域水资源可持续利用和经济社会可持续发展，需从以下几个方面采取相应的措施：

（1）强化节水。海河流域是我国水问题最为严重的流域，未来环境变化还将进一步加剧水资源的供需矛盾，但是流域内仍然存在着较为普遍的用水浪费、水资源利用效率低下等问题，建立节水型社会是缓解海河流域水资源矛盾、保障经济社会可持续发展的必由之路。要建立以需水管理为核心、以水权水市场为基础的制度体系，形成有利于节水的体制机制，建立自律式发展模式，大力推行节约用水。在农业领域，把节水灌溉作为一项根本措施，加快大中型灌区和井灌区节水改造，因地制宜大力推广渠道防渗、管道输水、喷灌、滴灌、微灌等高效节水技术，发展旱作节水农业。在工业领域，优化调整区域产业布局，大力发展循环经济，重点抓好高耗水行业节水。在城市生活领域，加强供水和公共用水管理，加快城市供水管网改造，全面推广节水器具，大力提高公众节水意识。

此外，还要利用先进技术，加强污水处理和海水利用。污水资源化利用不仅可以增加可供水，而且还能起到治理污染的作用。利用先进的污水处理技术，加大污水处理和中水回用，对改善水环境、解决流域水资源短缺问题具有重要的战略意义。随着科学技术的不断进步，海水和微咸水也可以通过脱盐等处理加以利用。在海河流域，污水处理再利用和海水利用都具有很大的潜力。

通过前述措施的实施，力争实现海河流域城镇生活、工业和农业灌溉工程节水 2020 年达到 33 亿 m^3、2030 年达到 43 亿 m^3 的目标。

（2）加强水资源保护。海河流域现状水污染严重，水功能区水质达标率只有26%，平原地区受人为污染影响的面积约为 6 万 km^2。在实施最严格水资源管理制度的基础上，强化水功能区管理，加强流域内省界水体和重要控制断面水质监测以及入河排污总量控制，切实加强地下水资源保护，建立地下水动态监测和监督管理体系。力争实现海河流域 2020 年大部分水功能区、2030 年全部水功能区达到相应的水质标准。

（3）加强生态环境修复。在按照《关于加强资源环境生态红线管控的指导意见》（发改环资〔2016〕1162）划定并严守生态保护红线的基础上，按照"保护优先，预防为主"的原则，实行严格管控，综合运用河流生态修复治理技术和水量调配等措施，逐步改善平原河流、湿地的水生态状况。此外，要加大生态文明建设力度，统筹推进海河流域特别是源头地区生态修复，确保流域生态环境得到切实改善。

（4）强化地下水保护。地下水是水资源的重要组成部分，是支撑经济社会发展的重要自然资源，是重要的供水水源和应急抗旱水源，也是维系良好生态环境的主要因素，加强地下水监测工作，掌握实时地下水动态，对保障用水安全以及生态安全具有十分重要的意义。目前，海河流域地下水位不断下降，一个世界最大的地下水降落漏斗区已在华北形成。海河流域要严格执行地下水压采规划，控制地下水开采，强化地下水保护，力争实现 2020 年压采地下水开采量 55 亿 m³、2030 年压采地下水开采量 85 亿 m³ 的目标，尽早实现地下水采补平衡。

（5）提高流域水安全保障能力。目前，京津冀协同发展、北京城市副中心、雄安新区规划建设等新形势、新要求，对海河流域水安全保障和水资源优化配置提出了新的更高的要求。要在积极践行新时期水利工作方针的基础上，紧密结合流域实际，通过建设必要的水资源配置工程、加强城市水源地保护、加快南水北调东中线骨干工程和流域内配套工程建设、加强水库群联合调度等措施，全面优化水资源配置和调度，全力保障流域供水安全和生态安全，提升流域水安全保障能力。

（6）建立健全水资源管理体系。以全面推行河长制、实施"一河一策"为契机，建立现代化的水资源管理体系，逐步建立适应气候变化和水利可持续发展的水行政管理体制、机制，制定和完善相关法律、法规和政策体系。

第7章 总结与展望

本章对本书的主要研究成果和结论进行了总结，包括变化环境下流域水资源演变的归因方法、分布式水文模型 WEP-L 对"自然-人工"二元水循环的模拟、气候模式与水文模型的耦合、海河流域水文气象要素演变规律、海河流域水资源演变的归因以及未来变化环境下海河流域水资源预估等方面，并从深化、完善和进一步应用变化环境下流域水资源演变的归因方法、完善海河流域水资源预估、拓展气候变化对水资源影响的研究领域等方面，对下一步的研究工作进行了展望。

7.1 总 结

本研究针对识别变化环境下流域水资源演变规律、定量区分气候变化和人类活动对流域水资源演变的影响等国际难点问题，在分析以全球变暖为特征的气候变化和区域高强度人类活动等因素对流域水资源演变的影响机理基础上，首次将基于指纹的归因方法应用到流域尺度水资源演变研究中，提出变化环境下流域水资源演变的归因方法。该方法不仅可以丰富"自然-人工"二元水循环理论体系，定量描述和区分气候变化及人类活动对流域水资源演变的影响，具有重要的理论创新价值，而且通过将该归因方法应用于典型流域，结合变化环境下流域水资源预测结果，能够为流域水资源综合管理和经济社会可持续发展提供重要的战略支撑和决策支持，具有重要的实践应用意义。

本研究选取对气候变化非常敏感、人类活动强烈、水问题突出、具有重要战略地位的海河流域为典型流域，在明确海河流域水文气象要素时空演变特征的基础上，应用前述归因方法对海河流域近 40 年（1961—2000 年）的水资源变化进行了归因分析，定量区分了气候系统的自然变异、温室气体排放导致的气候变化以及包括人工取用水和下垫面变化在内的区域高强度人类活动等各因素对流域水资源演变的贡献；考虑到未来气候、人工取用水、下垫面等环境条件的变化，对流域未来水资源情势进行了预估，提出相应的措施来保障流域水资源的可持续利用和区域经济社会的可持续发展。取得的主要成果和结论包括以下几个方面：

（1）变化环境下流域水资源演变的归因方法。将目前广泛应用于气候变化领域的归因分析中的基于指纹的归因方法应用到流域尺度的水资源演变归因中，系统总结、提出了变化环境下流域水资源演变的归因方法。在全球气候变化和高强度人类活动影响下，该归因方法可以用来对流域尺度的水资源演变进行归因分析，定量区分气候变化和区域人类活动对水资源演变的影响，为流域水资源综合管理和可持续发展提供决策参考。

（2）分布式水文模型 WEP-L 可以用于人类活动强烈的流域进行水循环模拟。分布式水文模型 WEP-L 能够反映气候变化、人工取用水和下垫面变化的情况，除能较好的模拟流域自然水循环外，对人工水循环的模拟精度也达到了可以接受的水平，该模型在海河流域的成功应用表明：WEP-L 在经过率定和验证后，可以用于人类活动强烈的流域模拟"自然-人工"二元水循环各分量，进而进行流域水资源的评价、规划和管理等工作。

（3）气候模式与水文模型的耦合。气候模式和水文模型在气候变化对水资源影响研究中发挥着重要的作用，而气候模式和水文模型之间往往存在着空间和时间尺度上的不匹配，本研究将国际上应用较广泛的统计降尺度模型 SDSM 首次应用到海河流域尺度以对气候模式结果进行空间降尺度，利用适用于中国广大地区的天气发生器 BCCRCG-WG3.00 对气候模式结果进行时间降尺度，结果表明：统计降尺度模型 SDSM 和天气发生器 BCCRCG-WG3.00 可以较好地解决气候模式与水文模型之间的尺度不匹配问题，可以在其他流域加以推广应用。

（4）海河流域水文气象要素演变规律。基于选择的 26 个气象站点的实测资料（1961—2000 年）和分布式水文模型 WEP-L，从点和面两个尺度对海河流域年降水量、年平均温度以及年地表水资源量的时空演变进行了分析，结果表明，对于海河流域以及 15 个三级区：年降雨量均呈减少趋势，全流域年降雨量减少速率为-2.18 mm/a，各三级区中减少率最大的为徒骇马颊河，达到了-3.90 mm/a，从流域尺度看，降水量的变化可能存在 2 年和 13 年的周期；年平均温度均呈显著增加趋势，全流域的平均增温速率为 0.3℃/10a，增温速率最快的三级区为大清河淀西平原，达到了 0.39℃/10a，从流域尺度看，平均温度的变化可能存在 5 年和 14 年的周期；海河流域及除滦河山区外的其余 14 个三级区的年地表水资源量均呈减少趋势，并且海河流域年地表水资源量的减少趋势通过了 95%的显著性水平检验，达到了-1.46 mm/a，各三级区中减少速率最快的是徒骇马颊河，达到了-2.54 mm/a。

（5）海河流域水资源演变的归因。应用变化环境下流域水资源演变的归因方法，对海河流域年降水量、年平均温度和年地表水资源量的变化进行了归因分析。结果表明，气候系统的自然变异是导致海河流域过去 40 年降水变化的主要原因；温室气体排放导致的全球变暖以及太阳活动和火山爆发是导致海河流域过去 40

年温度变化的两个因素，并且温室气体排放导致的全球变暖是主要因素，所占比例约为 84%；气候系统自然变异和区域人类活动是导致海河流域过去 40 年地表水资源量变化的两个因素，并且区域人类活动是主要因素，所占比例约为 60%。

（6）变化环境下海河流域水资源预测。综合考虑未来气候、人工取用水和下垫面等环境因素的变化，对未来海河流域水资源的演变趋势进行了预测，基于设置的不同环境情景，利用分布式水文模型 WEP-L 进行了相应情景下的水循环模拟和水资源评价，结果表明：相对历史多年平均（1980—2005 年），海河流域未来 30 年，降水约增加 11.6%、温度约升高 0.9℃、用水量约增加 8.5%，年平均蒸发量有不同程度的增加，平均增加了 10.0%；地下水资源量、不重复量均有不同程度的减少，分别减少了 9.7% 和 28.3%；地表水资源量有所增加，平均增加了 38.4%；狭义水资源量和广义水资源量变化幅度不大，均略有增加，分别平均增加了 2.6% 和 5.1%。同时，流域地表径流量的年内变化程度加剧，汛期的 7 月和 8 月地表径流量将有所增加，而其余月份地表径流量将有不同程度的减少，流域水资源形势依然严峻。

7.2　研究展望

7.2.1　变化环境下流域水资源演变归因方法的继续深化和完善

由于是首次将基于指纹的归因方法应用于流域尺度水资源演变的归因研究，总结提出的变化环境下流域水资源演变的归因方法还有待于进一步的深化和完善。主要有以下几个方面：

（1）气候模式。一方面，区域气候变化以及气候模式存在着不确定性。温室气体排放预测是气候模式的重要输入条件，其不确定性也必然会对气候模式的输出结果产生一定的影响。温室气体排放预测的不确定性主要来源于不能准确地描述和预测未来社会经济、环境、土地利用和技术进步等非气候情景的变化，而这些非气候情景对于准确表述系统对气候变化的敏感性、脆弱性以及适应能力也是非常重要的，但较准确地预测未来几十年的非气候情景是评估气候变化面临的最大挑战。另一方面，不同气候模式输出的结果也存在着不确定性。目前国内外比较著名的全球气候模式输出的气候情景结果存在较大的差异。所有的气候模式对极端天气事件模拟的能力差也是造成影响评估不确定性大的主要原因之一。气候模式本身的不完善，主要是缺乏对模式中的云-辐射-气溶胶相互作用和反馈过程、大气中各种微量气体与辐射之间的关系、水循环过程、陆面过程、海洋模式的逼近程度、海-气-冰之间的相互作用和反馈等的认识和了解。

在下一步的研究工作中，一方面要提高气候模式自身的模拟能力，发展完善区域气候模式；另一方面，在实际的应用中，要对不同气候模式在研究区域的模拟性能进行比较，选择模拟效果较好的气候模式。

（2）分布式水文模型。由于尺度问题等原因，分布式水文模型的参数在每个计算单元内仍具有空间变异性，且与空间尺寸联合对水循环过程起作用，如何合理推定其单元内"有效参数"仍然是个难题（贾仰文等，2005）。此外，由于分布式水文模拟需要大量的基础数据，数据不足问题尤其显得突出，同时，模型涉及大量参数并且计算量大，很难采用自动优化算法进行模型的检验，目前大都采用将计算过程线与观测过程线比较的"试错法"，这些问题有待于进一步解决。在人类活动影响强烈地区，人工侧支循环对流域水循环有着很大的影响，本研究采用的 WEP-L 模型只是在产汇流计算中被动体现给定取用水条件，尚没有考虑流域水循环与水资源调配管理之间的交互式影响。

在下一步的研究工作中，一方面要加强地面观测工作及数据管理，更多地依赖遥感与雷达等遥测技术解决数据不足问题；另一方面，要完善分布式水文模型对人工侧支循环的模拟，在人类活动影响强烈地区，要特别考虑大中型水库的调蓄功能，提高模拟精度；同时，为更好地进行气候变化对水资源影响研究，要开发大尺度的水文模型，以更好地与区域气候模式耦合。

（3）气候模式与水文模型的耦合。耦合气候模式与水文模型时会面临空间降尺度和时间降尺度问题。解决空间降尺度问题方面，国际上应用较广泛的统计降尺度模型 SDSM 在本研究中被成功应用于海河流域，但在选择预报因子时存在着一些改进的地方：在预报因子的选择方面，SDSM 模型中是将各预报因子与预报量之间的相关系数作为选择标准，这种做法有时候难以考虑预报量的物理成因。解决时间降尺度问题方面，本研究采用的天气发生器虽然适用于中国大部分地区，但由于其运行时一次只能输入一个站点一年的降水和温度逐月变化，当研究区域内选择站点和模拟年份较多时，就会相当费时。

在下一步的研究工作中，一方面要对统计降尺度模型 SDSM 加以改进，具体是在选择预报因子时考虑选用主成分分析优选法，既保证选择的预报因子与预报量之间有较好的相关关系，同时还能考虑到预报量的物理成因；另一方面，考虑与国家气候中心合作，对天气发生器加以改进，使之功能更加完善，操作更加方便、友好。另外，研究气候变化对水资源的影响，不能仅局限于这种大气和陆面水文过程单向松散耦合的思路，也要考虑二者之间的双向紧密耦合。

7.2.2　变化环境下流域水资源演变归因方法在海河流域的进一步应用

本研究在考虑影响海河流域水资源演变的因素时，人工取用水的处理还有待于进一步完善，因为采用的人工取用水数据中其实包含了气候变化对用水的影响，会给归因结果带来一定的影响。

在下一步的研究工作中，一方面要将变化环境下流域水资源演变的归因方法进一步在海河流域加以应用，对水循环全要素的演变都要进行归因分析，包括蒸发、入渗、地下水位等，同时，将该方法推广应用到渭河流域、汉江流域等其他具有不同气候特性和经济发展水平的流域，以进一步检验该方法的适用性；另一方面，对于人工侧支水循环中取用水数据的处理，要研究如何扣除数据中气候变化导致的用水变化部分。

7.2.3　拓展气候变化对流域水资源影响的研究领域

以全球变暖为特征的气候变化对流域水资源的影响是全方位的。全球变暖将导致空气温度升高，大气持水能力增加，降水的机率增大、强度增加，暴雨发生概率加大，温度升高将导致海平面上升，沿海及河口地区的防洪形势更加严峻；全球变暖还将导致地表潜热增加、蒸散发加强，高温热浪及干旱时间发生频次增加、范围扩大，加剧区域干旱；同时，温度升高还将导致农业、工业、生活、生态需水的增加，供需矛盾更加突出，温度升高还将导致水体富营养化和水质恶化，进而影响供水安全；另外，气候变暖还将对水工程安全、生态环境带来一定的影响。

为增强人类和自然系统应对气候变化的适应能力，减缓气候变化所带来的不利影响，有必要加强气候变化对水资源影响的基础理论研究，进一步提高对水资源敏感性、脆弱性研究成果的可靠性，提出减缓敏感性、脆弱性的适应性对策，拓宽气候变化对流域水资源影响的研究领域，加强气候变化对极端水文事件的影响研究，加强气候变化对水环境、水生态和水工程等方面的影响研究，加强气候变化对水文水资源影响的适应性对策、适应技术、适应能力和适应成本效益分析的研究（丁一汇等，2009）。

7.2.4　海河流域水资源预测的完善

本研究考虑了未来气候、人工取用水和下垫面等环境条件的变化，对海河流域未来水资源情势进行了预估，取得了一定的研究成果，但在未来环境情景设置上还有待于进一步的完善：①气候变化情景方面，随着区域气候模式和计算能力的发展，气候模式的模拟性能会有较大的提高，对未来气候状况的预估合理性也会增强；②土地利用情景方面，本研究中未来下垫面情景只是根据流域内各省份不同土地利用类型的面积总量和现状的土地利用空间分布情况得到的，下一步的研究工作中，需要结合遥感和 GIS 技术以及各省份具体的土地利用规划对海河流域土地利用进行更合理的预测；③未来取用水情景方面，气候变化对农业、工业、生活和生态用水需求都有一定的影响，特别是农业灌溉用水，随着科技进步、用水效率的提高，未来社会经济用水如何变化还有待于进一步研究。

参考文献

[1] 曹丽菁，余锦华，葛朝霞，2004. 华北地区大气水分气候变化及其对水资源的影响[J]. 河海大学学报（自然科学版），32(5): 504-507.

[2] 陈德亮，高歌，2003. 气候变化对长江流域汉江和赣江径流的影响[J]. 湖泊科学，(15): 105-114.

[3] 陈利群，刘昌明，2007. 黄河源区气候和土地覆被变化对径流的影响[J]. 中国环境科学，27(4): 559-565.

[4] 陈明昌，张强，杨晋玲，等，1994. 降水、温度和日照时数的随机生成模型和验证[J]. 干旱地区农业研究，12(2): 17-26.

[5] 陈晓宏，涂新军，谢平，等，2010. 水文要素变异的人类活动影响研究进展[J]. 地球科学进展，25(8): 800-811.

[6] 仇亚琴，2006. 水资源评价及水资源演变规律研究[D]. 中国水利水电科学研究院博士学位论文.

[7] 仇亚琴，周祖昊，贾仰文，等，2006. 三川河流域水资源演变个例研究[J]. 水科学进展，17(6): 865-872.

[8] 褚健婷，2009. 海河流域统计降尺度方法的理论及应用研究[D]. 中国科学院研究生院博士学位论文.

[9] 崔远来，白宪台，刘毓川，等，1996. 北京城市雨洪系统产流模型研究[J]. 北京水利，(6): 42-49.

[10] 丁相毅，贾仰文，王浩，等，2010，. 气候变化对海河流域水资源的影响及对策. 自然资源学报，25(3): 1-10.

[11] 丁相毅，贾仰文，王浩，等，2009. 基于"指纹"的海河流域径流演变趋势及归因研究//水系统与水资源可持续管理（第七届中国水论坛）.北京：中国水利水电出版社，415-419.

[12] 丁一汇，林而达，何建坤，2009. 中国气候变化—科学、影响、适应及对策研究[M]. 北京: 中国环境科学出版社.

[13] 方之芳，朱克云，范广洲，等，2006. 气候物理过程研究[M]. 北京: 气象出版社.

[14] 高歌，李维京，张强，2000. 华北地区气候变化对水资源的影响及2003年水资源预评估[J]. 气象，29(8): 26-30.

[15] 郭生练，李兰，曾光明，1995. 气候变化对水文水资源影响评价的不确定性分析[J]. 水文，(06):1-5,65.

[16] 顾行发，李闽榕，徐东华，2017. 中国可持续发展遥感监测报告（2016）[M]. 北京：社会科学文献出版社.

[17] 国家气候中心，2008. 中国地区气候变化预估数据集 Version 1.0 使用说明[Z].

[18] 郝芳华，陈利群，刘昌明，等，2004. 土地利用变化对产流和产沙的影响分析[J]. 水土保持学报，18(6): 5-8.

[19] 郝芳华，任希岩，张雪松，等，2001. 洛河流域非点源污染负荷不确定性的影响因素[J]. 中国环境科学，(03):15-19.

[20] 贺瑞敏，王国庆，张建云，2007. 环境变化对黄河中游伊洛河流域径流量的影响[J]. 水土保持研究，14(2): 297-301.

[21] 贾仰文，王浩，2006. 黄河流域水资源演变规律与二元演化模型研究成果简介[J]. 水利水电技术，37(2): 45-52.

[22] 贾仰文，王浩，等，2005. 分布式流域水文模型原理与实践[M]. 北京:中国水利水电出版社.

[23] 贾仰文，周祖昊，雷晓辉，等，2010. 渭河流域水循环模拟与水资源调度[M]. 北京：中国水利水电出版社.

[24] 江涛，陈永勤，陈俊和.未来气候变化对我国水文水资源影响的研究[J].中山大学学报(自然科学版),2000,39,增刊(2):151-157.

[25] 蓝永超，沈永平，李州英，等，2006. 气候变化对黄河河源区水资源系统的影响[J].干旱区资源与环境，20(6):57-62.

[26] 雷志栋，杨诗秀，谢森传，1988. 土壤水动力学[M]. 北京：清华大学出版社.

[27] 李崇银，1995. 气候动力学引论[M]. 北京:气象出版社.

[28] 李金标，王刚，李相虎，等，2008. 石羊河流域近50a来气候变化与人类活动对水资源的影响[J].干旱区资源与环境，22(2):75-80.

[29] 廖要明，张强，陈德亮，2004. 中国天气发生器的降水模拟[J]. 地理学报，59(5): 689-698.

[30] 刘昌明，1978. 黄土高原森林对年径流影响的初步分析[J]. 地理学报，(12): 112-126.

[31] 刘春蓁，1997. 气候变化对我国水文水资源的可能影响[J]. 水科学进展，8(3): 220-225.

[32] 刘佳嘉，2013. 变化环境下渭河流域水循环分布式模拟与演变规律研究[D]. 北京：中国水利水电科学研究院.

[33] 罗先香，邓伟，何岩，等，2002. 三江平原沼泽性河流径流演变的驱动力分析[J]. 地理学报，57(5): 303-610.

[34] 罗翔宇，贾仰文，王建华，等，2003. 包含拓扑信息的流域编码方法及其应用[J]. 水科学进展，14(增刊): 89-93.

[35] 《气候变化国家评估报告》编写委员会，2007. 气候变化评估报告[M]. 北京:科学出版社.

[36] 秦大河，陈振林，罗勇，等，2007. 气候变化科学的最新认知[J]. 气候变化研究进展，3(2):

63-73.

[37] 任立良，张炜，李春红，2001. 中国北方地区人类活动对地表水资源的影响研究[J]. 河海大学学报，29(4): 13-18.

[38] 水利部应对气候变化研究中心.气候变化对水文水资源影响研究综述[J].中国水利,2008,2.

[39] 土地利用规划网．全国土地利用总体规划纲要 (2006 — 2020 年) [EB/OL].
http://www.cnlandplanning.com/show.asp?action=news&newsid=499

[40] 汪岗，范昭，2002. 黄河水沙变化研究（第二卷）[M]. 郑州:黄河水利出版社.

[41] 汪岗，范昭，2002. 黄河水沙变化研究（第一卷）[M]. 郑州:黄河水利出版社.

[42] 王浩，贾仰文，王建华，等，2005. 人类活动影响下的黄河流域水资源演变规律初探[J]. 自然资源学报，20(2): 157-162.

[43] 王浩，秦大庸，陈晓军，2004. 水资源评价准则及其计算口径[J]. 水利水电技术，(2): 1-4.

[44] 王国庆，王云璋，尚长昆，2000. 气候变化对黄河水资源的影响[J]. 人民黄河，22(9): 40-41.

[45] 王国庆，张建云，贺瑞敏，2006. 环境变化对黄河中游汾河径流情势的影响研究[J]. 水科学进展，17(6): 853-858.

[46] 王钧，蒙吉军,2008. 黑河流域近 60 年来径流量变化及影响因素[J]. 地理科学,28(1):83-88.

[47] 汪恕诚，2004. 牢固树立和认真落实科学发展观,全面推进节水型社会建设—在中央人口资源环境工作座谈会上的发言[Z].

[48] 王顺久，2006. 全球气候变化对水文与水资源的影响[J]. 气候变化研究进展，2(5):223-227.

[49] 吴迪，2011. 基于区域气候模式的干旱机理及预测研究[D]. 北京：中国水利水电科学研究院.

[50] 吴金栋，王馥棠，2000. 随机天气模型参数化方案的研究及其模拟能力评估[J]. 气象学报，58(1): 49-59.

[51] 吴金栋，王馥棠，2000. 利用随机天气模式及多种插值方法生成逐日气候变化情景的研究[J]. 应用气象学报，11(2): 129-136.

[52] 吴彤，2005. 多维融贯—系统分析与哲学思维方法. 昆明: 云南人民出版社.

[53] 吴益，2006. 和田河流域径流过程分析与模拟[D].南京: 河海大学.

[54] 夏军，刘春蓁，任国玉，2011.气候变化对我国水资源影响研究面临的机遇与挑战[J].地球科学进展，26(1): 1-12.

[55] 邢可霞. 流域非点源污染模拟及不确定性研究[D]. 北京：北京大学，2005.

[56] 徐长春，陈亚宁，李卫红，等，2006. 塔里木河流域近 50 年气候变化及其水文过程响应[J]. 科学通报，51（增刊 1）: 21-30.

[57] 许炯心，孙季，2007. 嘉陵江流域年径流量的变化及其原因[J]. 山地学报，25(2): 153-159.

[58] 姚玉壁，张秀云，王润元，等，2008. 洮河流域气候变化及其对水资源的影响[J]. 水土保持学报，22(1):168-173.

[59] 叶笃正，曾庆存，郭裕福，1991. 当代气候研究[M]. 北京：气象出版社.

[60] 袁飞，谢正辉，任立良，等，2005. 气候变化对海河流域水文特性的影响[J]. 水利学报，36(3): 274-279.

[61] 赵宗慈，罗勇，1998. 二十世纪九十年代区域气候模拟研究进展[J]. 气象学报，56(2): 225-246.

[62] 张国胜，李林，时兴合，2000. 黄河上游地区气候变化及其对黄河水资源的影响[J]. 水科学进展，11(3): 277-233.

[63] 张树磊，杨大文，杨汉波，等，2015. 1960—2010 年中国主要流域径流量减小原因探讨分析[J]. 水科学进展，26(5):605-613.

[64] 张建云，王国庆，2007. 气候变化对水文水资源影响研究[M].北京：科学技术出版社.

[65] 周祖昊，贾仰文，王浩，等，2006. 大尺度流域基于站点的降雨时空展布[J]. 水文，26(1): 6-11.

[66] Arnell N W, 1999. Climate change and global water resources [J]. Global Environmental Change, (9): 31-49.

[67] Bailey N T J, 1964. The Elements of Stochastic Processes [M]. Wiley: New York.

[68] Bannayan M, Crout N M J, 1999. A stochastic modelling approach for real time forecasting of winter wheat vield [J]. Field Crops Research, (62): 85-95.

[69] Barnett T P, Pierce D W, and Schnur R, 2001. Detection of anthropogenic climate change in the world's oceans [J]. Science, (292): 270-274.

[70] Barnett T P, et al., 2005. Penetration of a warming signal in the world's oceans:human impacts [J]. Science, (309): 284-287.

[71] Barnett T P, et al., 2008. Human-Induced Changes in the Hydrology of the Western United States [J]. Science, (319): 1080-1083.

[72] Benioff R, Guill S, Lee J, 1996. Vulnerability and Adaptation Assessments (Version 1.1, An International Handbook) [M]. Environmental Science and Technology Library, Kluwer Academic Publishers, Dordrecht, The Netherlands.

[73] Beven K, Binley A,1992.The future of distributed models: Model calibration and uncertainty prediction[J]. Hydrological Processes, 6(3): 279-298.

[74] Bjornsson H, Venegas S A, 1997. A manual for EOF and SVD analyses of climatic data [M]. Department of Atmospheric and Oceanic Sciences and Center for Climate and Global Change Research McGill University.

[75] Bobba G, Singh V P, Jeffries D S, et al., 1997. Application of a watershed runoff model to north-east pond river, Newfoundland, to study water banlance and hydrological characteristics owing to atmospheric change [J]. Hydrological Processes, 11(12): 1573-1593.

[76] Cohen S J, 1986. Impacts of CO_2 induced climatic change on water resources in the Great Lakes basin [J]. Climate change, (8): 135-153.

[77] Dickinson R E, Sellers A H, Rosenzweig C, et al., 1991. Evapotranspiration models with canopy resistance for use in climate models, a review [J]. Agric. For.Meteorol., (54): 373-388.

[78] Fowler H J, Blenkinsop S, Tebaldi C, 2007. Linking climate change modelling to impacts studies: recent advances in downscaling techniques for hydrological modeling [J]. International Journal of Climatology (27): 1547-1578.

[79] Fowler H J, Wilby R L, 2007. Beyond the downscaling comparison study [J]. International Journal of Climatology, (27): 1543-1545.

[80] Gabriel R, 1962. A Markov chain model for daily rainfall occurrence at Tel Aviv Israel [J]. Quarterly Journal of the Royal Meteorological Society, (88): 90-95.

[81] Gleick P H, 1986. Methods for evaluating the regional hydrologic inpacts of global climatic change [J]. Journal of Hydrology, (88): 97-116.

[82] Gillett N P, et al., 2005. Detection of external influence on sea level pressure with a multi-model ensemble [J]. Geophysical Research Letters, (32), L19714: 4.

[83] Hasselmann, Cubasch, et al., 1997, Multi-fingerprint detection and attribution of greenhouse-gas and aerosol-forced climate change [J]. Climate Dyn., (13): 613-634.

[84] Hegerl, Karl, Allen, et al., 2006. Climate change detection and attribution: Beyond mean temperature signals [J]. J. Hydrol, (19): 5058-5077.

[85] Hegerl, Storch, et al., 1996. Detecting greenhouse-gas-induced climate change with an optimal fingerprint method [J]. Journal of Climate, (9):2281-2306.

[86] Hidalgo H G, Das T, et al., 2009. Detection and attribution of streamflow timing changes to climate change in the western United States. Journal of Climate, (22):3838-3855.

[87] International AD Hoc Detection and Attribution Group, 2004. Detecting and attributing external influences on the climate system: a review of recent advances [J]. Journal of climate, (18): 1291-1314.

[88] IPCC, 1992. The supplementary report to the IPCC Scientific Assessment [R].

[89] IPCC, 2001. Climate Change 2001: The Science Basis [M]. Contribution of Working Group I to the Third Assessment Report of the Intergovernmental Panel on Climate Change. Cambridge, United Kingdom and New York, USA: Cambridge University Press.

[90] IPCC, 2001. Climate Change 2001: Impacts, Adaptation and Vulnerability [M]. Contribution of Working Group II to the Third Assessment Report of the Intergovernmental Panel on Climate Change. Cambridge, UK and New York, USA: Cambridge University Press.

[91] IPCC, 2007. Climate Change 2007: The Physical Science Basis. Contribution of Working

Group I to the Fourth Assessment Report of the Intergovernmental Panel on Climate Change. Cambridge, UK and New York, USA: Cambridge University Press.

[92] Jonathan I Matondo, Graciana Peter, Kenneth M Msibi, 2004. Evaluation of the impact of climate change on hydrology and water resources in Swaziland: Part I [J]. Physics and Chemistry of the Earth, (29): 1181-1191.

[93] Jonathan I Matondo, Graciana Peter, Kenneth MMsibi, 2004. Evaluation of the impact of climate change on hydrology and water resources in Swaziland: Part II [J]. Physics and Chemistry of the Earth, (29): 1193-1202.

[94] Kuczera G, Parent E, 1998. Monte Carlo assessment of parameter uncertainty in conceptual catchment models: The Metropolis algorithm [J]. Journal of Hydrology, 211:69-85.

[95] Lambert, et al, 2004. Detection and attribution of changes in 20th century land precipitation [J].Geophysical Research Letters, (31), L10203: 4.

[96] Lin Erda, Zhang Houxuan, Wang Jinghua et al, 1997. Simulation of Efects of Global Climate Change on China's Agriculture [M]. Beijing: China Agricultural Science and Technology Press.

[97] Ma Xiaoguang, 2003. Studies on the key technology of pest risk analysis in plant protection [D]. Ph.D Dissertation, China Agricultural University.

[98] Mein, Larson, 1973. Modelling infiltration during a steady rain [J]. Water Resources Research, 9(2): 384-394.

[99] Milly P C D, Dunne K A, Vecchia A V, et al, 2002. Increasing risk of great floods in a changing climate [J]. Nature, (415):514-517.

[100] Milly P C D, Wetherald R T, Dunne K A, et al, 2005. Global pattern of trends in stream flow and water availability in a changing climate [J]. Nature, (438):347-350

[101] Mimikou M A, Baltas E, Varanou E, et al, 2000. Regional impacts of climate change on water resources quantity and quality indicators [J]. Journal of Hydrology, (234): 95-109.

[102] Moss R H, Edmonds J A, Hibbard K A, et al,2010. The next generation of scenarios for climate change research and assessment [J]. Nature,463:747-756.

[103] Moor, Eigel, 1981. Infiltration into two-layered soil profiles [J]. Transactions ASAE, (24): 1496-1503.

[104] Nakaegawa T, 1996. A study on hydrological models which consider distributions of physical variables in heterogeneous land surface [D]. Ph.D Dissertation, University of Tokyo.

[105] 欧廷海，柳艳香，陈德亮，等，2011. The Influence of Large-Scale Circulation on the Summer Hydrological Cycle in the Haihe River Basin of China [J]. Acta Meteorologica Sinica, 25(04): 517-526.

[106] O'Callaghan J F, Mark D M, 1984. The extraction of drainage networks from digital elevation

data [J]. Computer Vision, Graphics and Image Processing, 28:323-344.

[107] Phillips T J, G leckler P J, 2006. Evaluation of continental precipitation in 20th-century climate simulations: The utility of multi-model statistics [J]. W ater Resource Research, 42, doi: 10.1029 /2005WR004313.

[108] Pinter N,Tomas R,Wlosinski J H, 2001. Assessing flood hazard on dynamic rivers [J]. EOS, 82(31):333-339.

[109] Reckhow K H,1994.Importance of scientific uncertainty in decision making [J]. Environmental Management, 18(2):161-166.

[110] Richardson C, 1981. Stochastic simulation of daily precipitation, temperature, and solar radiation [J]. Water Resources Research, (17): 182-190.

[111] Richardson C W, Wright D A, 1984. WGEN: a model for generating daily weather variables [Z]. USDA-ARS. ARS-8.

[112] Semenov M A, Porter J R, 1995. Climatic variability and the modelling of crop yields [J]. A cultural and Forest Meteorology, (73): 265-283.

[113] Semenov M A, Brooks R J, Barrow E M, et a1, 1998. Comparison of the WGEN and LARS-WG stochastic weather& enerators for diverse climates [J]. Climate Research, (10): 95-107.

[114] Semenov M A, Brooks R J, 1999. Spatial interpolation of the LARS-WG stochastic weather generator in Great Britain [J]. Climate Research, (11): 137-148.

[115] Szilagyi J, 2001. Identifying cause of declining flows in the Republican river [J]. Water Resources Planning and Management, ASCE, 127(4):244-253.

[116] Thiemann M, Trosset M, Gupta H, et a1,2001.Bayesian recursive parameter estimation for hydrologic models[J]. Water Resources Research, 37(10):2521–2535.

[117] Thorne P W, et a1, 2003. Probable causes of late twentieth century tropospheric temperature trends [J]. Climate Dynamics, (21): 573-591.

[118] Wallis T W R, Grifiths J F, 1997. Simulated meteorological input for agricultural models [J]. Agricultural and Forest Meteorology, (88): 241-258.

[119] Washington W M, et a1, 2000. Parallel Climate Model (PCM) control and transient simulations [J]. Climate Dyn., (16), 755-774.

[120] Wight J R, Hanson C L, 1991. Use of stochastically generated weather records with rangeland simulation models [J]. Joumal of Range Management, (44): 282-285.

[121] Wilby R L, Wigley T M L, Conway D, et a1, 1998. Statistical downscaling of general circulation model output: a comparison of methods [J]. Water Resources Research, 34(11): 2995-3008.

[122] Wilby R L, Hassan H, Hanaki K, 1998. Statistical downscaling of hydrometeorological variables using general circulation model output [J]. Journal of Hydrology, (205): 1-19.

[123] Wilby R L, Hay L E, Leavesley G H, 1999. A comparison of downscaled and raw GCM output: implications for climate change scenarios in the San Juan River basin, Colorado [J]. Journal of Hydrology, (225): 67-91.

[124] Wilby R L, Dawson C W, Barrow E M, 2002. SDSM — a decision support tool for the assessment of regional climate change impacts [J]. Environmental Modelling & Software, (17): 147-159.

[125] Wu Jingdong, Wang Shili, 2001. Incorporating stochastic weather generators into studies on climate impact: methods and uncertainties [J]. Advance in Atmospheric Sciences, 18(5): 937-949.

[126] Xu C Y, 1999. From GCMs to river flow: a review of downscaling methods and hydrologic modelling approaches [J]. Progress in Physical Geography, 23(2): 229-249

[127] Yao Zhensheng, Ding Yuguo, 1990. Climatological Statistics [M]. Beijing: Meteorological Press.

[128] Y W Jia, 1997. Integrated analysis of water and heat balances in Tokyo metropolis with a distributed model [D]. Ph.D Dissertation, University of Tokyo.

[129] Y W Jia, G H Ni, Y Kawahara, et al, 2001. Development of WEP model and its application to an urban watershed [J]. Hydrol. Process, (15): 2175-2194.

[130] Y W Jia, T Kinouchi, J Yoshitani, 2005. Distributed hydrologic modeling in a partially urbanized agricultural watershed using WEP model [J]. J. Hydrol. Eng. Asce, (10): 253-263.

[131] Y W Jia, H Wang, et al, 2006. Development of the WEP-L distributed hydrological model and dynamic assessment of water resources in the Yellow River Basin [J]. J. Hydrol., (331): 606-629.

[132] Yangwen Jia, Xiangyi Ding, Xiangyu Luo, et al, 2008. Temporal and Spatial Interpolations of Water Use for Coupling Simulation of Natural and Social Water Cycles [J]. Proc. of 4th International Conference of APHW, November.

[133] Zhao Zhonghua, 1998. Theories and Their Applications of Stochastic Simulation Models for Insect Population Dynamics [D]. Ph.D Dissertation,China Agricultural University.